VOLUME TWO

URBAN NIGHT LANDSCAPE

PHOTOGRAPHED, WRITTEN AND EDITED BY
SEO YOU SEOK

세계의 도시경관과 건축문화 **제2권**

도시야간경관

서유석 지음

「URBAN LANDSCAPE AND ARCHITECTURAL CULTURE IN THE WORLD」

Spacetime

URBAN

NIGHT LANDSCAPE

CONTENTS

[일러두기]

- 이 책에서 나타나는 국가 및 도시명은 모두 영어 표기를 원칙으로 하되, 도시의 명칭이 영어와 현저히 다를 경우 현지어를 병기하고, 건물이나 가로명은 잘 알려진 경우나 영어표기가 있을 경우에는 영어표기를 하고 괄호( ) 안에 현지어 표기를 하였으며, 그렇지 않은 경우에만 현지어로 표기하였다.
- 사진의 명칭순서는 건물(혹은 가로)명, 지역명, 도시명, 국가명의 순으로 표기하였으며, 건물(가로)명, 혹은 지역명이 없을 경우에는 도시명, 국가명의 순으로 표기하였다. 건축물이나 도시조형물은 건축가나 작가를 최대한 표기하고자 노력하였으며, 사진에 나오는 지역의 건축물이나 도시구조물, 옥외조명대상 등은 쉽게 찾아가 볼 수 있도록 지역명이나 대상의 명칭을 가급적 표기하고자 하였다.
- 각 장의 설명은 그 페이지에 수록된 사진설명을 원칙으로 하나 그 페이지에 글을 실을 여백이 없을 경우, 사진 내에 설명을 수록하였다.
- 이 책은 도시의 야간경관과 관련된 것이므로 대부분이 야간(夜間)의 사진이지만 낮에 찍은 사진이 필요한 경우에는 동일한 각도에서 찍은 주간(晝間) 사진을 함께 실었다.
- 각 장의 구분은 이해를 쉽게 하기 위하여 먼저 옥외조명방식에 의한 야간경관, 옥외조명대상에 의한 야간경관 등 야간조명 기법과 대상을 먼저 수록하였으며, 그 다음으로 야간경관의 모범이 되는 도시를 유럽지역과 아시아지역으로 구분하여 수록하였다.
- 각 페이지의 사진설명은 관련 전문서적을 참고하여 필자의 주관적 의견을 책 내용에 맞게 서술하되, 통계적인 자료들은 인터넷의 공식 사이트를 일부 참고하였다.

Night Landscape_Types

제1장 유형별 야간경관

Night Landscape_Cities

제2장 도시별 야간경관

AUTHOR'S PROLOGUE

[저 자 서 문]

처음 유럽을 다녀 온 것이 지금부터 10여 년 전인 2001년 여름이 막 시작되는 6월 중순이었다. 그로부터 2010년까지 15차례의 유럽답사가 이루어졌는데, 첫 번째 유럽답사는 1여년의 준비를 거쳐 2001년 6월 14일부터 7월 17일까지 31박 33일의 비교적 긴 여정으로 시작되었다.

영국 런던에서부터 시작된 여정은 도버와 프랑스 칼레(Calais)를 거쳐 파리, 릴, 리용, 마르세이유(Marseille), 아를(Arles), 몽플리에(montpellier), 님므(Nimes)를 돌아보았으며, 국경도시인 페르피냥(Perpignan)을 지나 스페인 바르셀로나, 마드리드, 세비야와 그라나다, 그리고 스위스의 베른(Berne), 이태리 밀라노, 비센차(Vicenza), 베로나, 베네치아, 피렌체, 피사, 로마를 종착지로 하여 끝났다. 영국에서 프랑스로 이동할 당시 도버해협(프랑스명 칼레해협) 해저를 터널로 뚫어 연결된 유로스타 노선이 있었으나 기차 탑승권이 너무 비싸 런던과 파리를 연결하는 버스인 유로라인을 이용하였다. 이 노선은 런던 워털루역 근처의 정류장에서 버스를 타고 도버까지 간 후, 프랑스 칼레까지 버스를 배에 싣고 가서 다시 그 버스를 타고 파리까지 가는 것으로, 오히려 유로스타를 타고 가는 것보다 훨씬 낭만과 운치가 있었던 여정으로 기억된다.

유럽 방문 첫 번째 해에 너무 긴 여정을 무리하게 소화하는 바람에 문제가 있다고 판단하여 2002년 두 번째 답사에서는 6월 23일부터 7월 20일까지 26박 28일의 일정으로 기간을 줄여 네덜란드와 독일의 도시들을 주로 방문하였으며, 2003년에는 그리스와 터키를 답사하였다. 2004년 4월과 10월에는 두 차례에 걸쳐 프랑스 독일, 네덜란드 등을 답사하였고, 2005년 9월 북유럽 국가를 중심으로 한 답사를, 2006년 5월, 8월, 10월에는 스페인 북부의 빌바오와 프랑스 서부지역, 프랑스 남부지역, 이태리 북부지역과 스위스에 대한 답사를 진행하였으며, 2007년에 한 차례, 2008년 4월, 9월 11월 세 차례, 2009년과 2010년에 각각 한 차례씩 답사를 진행하였다.

2001년부터 유럽뿐 아니라 다른 나라들에 대한 답사도 이어졌는데, 일본의 경우, 유럽답사와 마찬가지로 2001년부터 2010년까지 18차례의 답사가 있었던 반면, 중국은 2005년에 가서야 처음 답사가 이루어졌으나 이후, 10여차례의 답사를 다녀왔으며, 그 밖에도 태국과 베트남, 말레이시아, 싱가포르 등 동남아시아 국가들을 모두 10여차례 답사하였고 오세아니아 지역의 경우에도 3차례에 걸친 호주와 뉴질랜드 답사, 그리고 2차례의 미국과 캐나다 답사 등 많은 국가들의 도시답사가 이루어졌다.

본 저서는 10여년에 걸친 발로 뛴 답사의 기록물이자 노력의 산물이다. 답사 초기에는 모두 슬라이드 필름으로 사진을 찍었기 때문에 이 책을 저술, 편집하는 과정에서 초기의 필요한 사진들을 모두 디지털화하는 작업이 선행되었으며, 10여만장 이상의 방대한 사진자료들을 선별하고 편집하는 과정에서 많은 보완과 수정작업이 병행되었다.

10여년에 걸쳐 세계의 많은 도시들을 답사하면서 도시란 어떻게 관리하고

농촌이나 도시 가리지 않고 들어서 있는 성냥갑같은 아파트들은 도시의 미관과 정체성을 훼손시키는 주범으로서, 우리나라 사람들의 유별난, 아파트 선호의 결과물이다. 교량이나 도로 등 도시구조물들을 토목공사의 대상으로 보는 한, 그리고 도시내 건립되는 각종 건축물들을 부동산이라는 투자대상으로 보는 한, 도시의 정체성을 확보하거나 보존, 발전시키는 일은 요원한 일이 될 것이다.

더 이상 도시내 각종 건축물이나 구조물들을 단순한 건축공사나 토목공사의 대상으로만 보지 않도록 하자. 의류제품에서 중요한 것은 재봉사가 아니라 디자이너의 능력이듯이 도시구조물이나 건축물, 도로나 가로환경에서도 토목 엔지니어링이나 구조기술, 건설회사의 시공능력보다 건축가나 구조디자이너의 디자인 능력이 매우 중요하다.

혹자는 말한다. 외국과 우리나라는 다르다고. 경제수준이나 역사적 발전과정이 다르다는 것이다. 하지만 일본이나 유럽, 미국, 캐나다 등 선진국 도시들뿐 아니라 중국이나 말레이시아, 태국, 중동 등의 여러 도시들을 한 번 가보라. 이들은 우리나라 도시들처럼 천편일률적이지 않고 나름대로의 개성이 살아 숨쉬고 있으며, 이를 지키기 위해 많은 노력들을 하고 있음을 알 수 있다. 이에 비해 우리나라의 도시들은 짧은 시간 내에 급성장한 결과, 값비싼 가구들은 있으되 품위가 없는 벼락부자들의 집처럼 문화와 품격이 부족한 도시로 변모하고 있는데, 이는 도시관리의 공공성을 간과한 결과이다. 조선시대의 도시풍경은 분명 동시대 외국의 도시와 달랐을 것이나 현재 우리나라 도시풍경은 국적불명의 도시로 변해버렸다. 조선시대 육의전이 종로거리에 남아 있었더라면 서울의 도시풍경은 지금보다 훨씬 더 풍요롭지 않았겠는가?

20년이 지나면 허물고 새로 짓는 일들을 이젠 그만두도록 하자. 바르셀로나의 사그라다 파밀리아 성당은 착공(1882년)한지 130년이 다되어가지만 아직도 여전히 공사중이며 앞으로 20~30년은 더 공사를 해야 준공될 예정으로 있다(이 건물은 공사비를 모두 후원금에 의존하고 있기 때문에 실제로는 언제 준공될지는 확실하지 않다). 20년마다 도시를 허물고 새로 짓는 한 우리나라 도시역사는 길어야 20년의 역사성을 지닌, 천박한 도시일 뿐이다.

이 책은 모두 여섯 분야로 구성되어 시리즈로 출판할 예정이다. 이번에 출간되는 분야는 도시의 색채와 도시야간경관이다. 나머지 네 가지 분야는 도시가로 및 수변경관 분야, 녹색교통과 친환경건축 분야, 공원녹지와 공공디자인 분야, 신도시와 공동주택 분야이다. 이와 같은 책들의 출간을 통하여 필자는 우리나라 도시에 아이덴티티와 품격을 불어넣는 자그마한 시금석이 되기를 바란다. 또한 이 책을 통하여 개성있는 도시를 창출하는데 일종의 대안이 제시될 수 있기를 기대해본다.

WHY DO I PUBLISH THIS BOOK?

도시환경에 있어서 조명과 색채는 여성의 화장품과 같은 것이다. 약간의 색조와 조명만으로도 단조롭고 무미건조한 도시는 새로운 아름다움으로 우리에게 다가온다.

우리나라의 도시경관은 무엇보다 밤에는 어둡고 낮에는 칙칙하고 혼란스럽다. 최근에 도시도 하나의 상품으로 인식되기 시작하면서 도시경관에 대한 관심이 높아지고는 있으나 경제상황이 악화되면 제일 먼저 하는 것이 가로등 끄기일 정도로 야간경관조명에 대한 인식이 낮고, 도시색채에 대한 보수적인 관점 때문에 도시 전체적으로는 회색계열의 무채색 일색이다.

가로간판이나 건축물의 색채는 대부분 가로 전체의 통일성과 아이덴티티가 결여되어 있다. 도시의 지배적 경관을 형성하는 고층 건물들은 천편일률적인 형태와 색상을 띠고 있으며, 다양한 색상을 도입하는데 소극적이다. 그렇다고 해서 유럽의 도시들처럼 오랜 역사의 흔적이 살아 있지도 않다. 해방 이후 우리나라 대부분의 도시에서 역사적 도시환경과 가로는 사라져 버렸고, 이제는 오래 된 사진에서 그 흔적만 찾아볼 수 있을 뿐이다.

도시환경은 그 자체가 문화이며 품격이다. 도시의 질적 수준은 그곳에 사는 시민들의 품격이기도 하며, 시민들의 의식수준을 보여 준다. 상업성의 극치를 보여주는 우리의 도시환경이 짧은 시일 내에 유럽의 도시들처럼 고풍스런 정체성을 갖추기는 어렵다. 전쟁으로 인하여, 아니면 경제발전을 위해 오늘날 우리의 도시환경이 불가피한 것이었다고 말할 사람들도 있을 것이다. 하지만 유럽의 도시들 역시 전쟁의 폐허 위에서 옛 도시의 모습대로 도시를 재건했다는 사실을 간과해서는 안 된다. 단지 도시환경에 대한 그들과 우리의 생각이 달랐을 뿐인 것이다.

야간조명과 도시색채를 통하여 무미건조한 우리의 도시를 바꾸자. 제1권 도시의 색채에서는 도시에 다양한 색채를 사용함으로써 도시를 어떻게 개성있고 재미있는 도시로 바꿀 수 있는지 보여주는 사례들을 중심으로 유형에 따라 분류하였다.

URBAN

NIGHT LANDSCAPE

URBAN

제2권 도시야간경관에서는 야간경관의 기초적 이론을 토대로 유형 및 적용대상별로 구분하여 그 기본적인 형태와 실제 도시에서의 적용사례들을 보여주고자 하였다.

도시 전체의 모습을 정체성있는 문화도시로 바꾸기 위해서는 오랜 시간과 많은 비용이 들지만 야간경관조명과 도시색채를 통하여 짧은 시간 내에 도시를 아름답게 만들 수 있을 뿐 아니라 도시에 활력을 불어넣을 수 있다. 원래 야간경관과 도시색채를 함께 묶어 출간하려 하였으나 자료가 방대하여 도시야간경관과 도시색채를 두 권으로 분리하였다.

이 책을 펴내게 된 동기는 2001년부터 도시경관이나 야간경관과 관련된 여러 프로젝트를 수행하면서 관련 자료들을 구하고자 하였으나 실내색채나 조명에 대한 자료나 서적들은 많은 반면, 도시의 옥외공간이나 가로환경과 관련된 색채나 경관조명 관련서적은 국내뿐 아니라 외국에서도 거의 전무한 실정이었기 때문이다. 이 책이 관련 전문도서가 부족한 현실에서 도시와 건축, 경관 및 조명색채 등에 관심을 가진 분들께 조금이나마 도움이 되기를 바라면서, 10여년간 160여개의 도시를 답사하면서 수집한 자료들을 정리하여 책으로 펴내고자 한다.

이 책의 출판에 도움을 주신 상지건축 고성룡이사님, 시케인엔지니어링 조현석사장님, 다우와 키움건설(주) 정혜교사장님, 덕산건설(주) 고권수회장님, DA건축사사무소 김현호소장님, 원건축 백창복소장님, 배행도사장님, 마루건축 허필도사장님, 돔건축 오영웅소장님, 이누건축 이문우소장님께 감사드립니다.

URBAN

N I G H T
L A N D
S C A P E

URBAN

URBAN NIGHT LANDSCAPE

제2권 도시야간경관

도시야간경관 Urban Night Landscape

과거 밤은 금기의 대상이었다. 어둠은 종종 악이나 불행과 같은 의미로 사용되었고 사람들은 밤을 무서워하였다. 어둠 속에서는 잘 보이지 않았기 때문에 대부분의 범죄나 불행한 사건들은 밤에 발생하였으며, 밤과 어둠은 기피의 대상이었다. 특히 우리나라의 경우는 남북분단이라는 특수상황과 맞물려 80년대 초까지 야간통행금지가 시행되었는데, 이 때문에 야간활동은 극도로 위축되었다.

따라서 어둠을 밝히는 빛은 오랜 세월동안 숭배의 대상이었으며, 인간에게 없어서는 안 될 필수불가결한 것이었다. 불을 이용하여 인공적인 빛을 내기 이전, 인류에게 있어서는 밤의 유일한 빛은 달이며, 그 빛에 의해 인간이 지배되어 왔다.

도시에서의 조명의 역사를 보면, 17세기 파리에 설치된 가로등이 최초의 도시조명으로, 이는 루이14세 치하 파리의 문화번영의 상징이었다. 19세기가 되면서 가스등이 유럽 각지로 보급되었는데, 도시에서의 빛의 발전은 문명의 척도였다고 할 수 있다(김경인 역, 도시야간경관의 연출기법, (주)브이아이랜드, 2003.5.6, p. 4). 더욱이 19세기에 전기를 이용한 백열전구가 발명되면서 사람들의 활동시간과 라이프스타일을 크게 변화시키고 있다.

선사시대부터 불은 어둠을 밝히는 조명이자 맹수로부터 인류를 안전하게 보호하는 수단이었는데, 이는 오늘날의 조명기구가 갖추어야 할 기본적인 기능이기도 하였다. 그 결과, 조명은 밤을 밝혀 길을 안내하는 동시에 범죄로부터 사람들을 안전하게 지켜주는 기능적인 측면이 크게 강조되어져 왔다.

하지만 산업화로 인한 도시환경의 악화와 함께 도시에서의 삶의 질이 중요하게 인식되고, 경제적 발전과 함께 야간활동이 증대하면서 선진국에서는 이미 조명이 단순히 야간에 범죄로부터의 안전이나 시야의 확보라는 기능적 측면을 넘어 도시에서의 삶의 질을 향상시키고 도시미관에 중요한 영향을 미치는 대상으로 인식되기 시작하였다.

이에 따라 도시는 빛의 밝기의 추구와 함께 이벤트, 아트, 라이트업 등의 형태로 새로운 조명표현을 도시공간에서 전개해 왔다. 1879년 백열전구가 발명되고 1889년 파리의 만국 박람회에서 에펠탑이 무수히 많은 전구의 일류미네이션으로 장식된 것을 시작으로, 그 후 박람회에서는 항상 혁신적인 조명기술이 화려하게 전개되었다. 이러한 박람회의 이벤트 등에서의 실험적인 조명은 점점 도시생활, 도시활동 속으로 스며들어 도시공간의 어메니티 향상에 크게 공헌해 왔다. 그리고 현대에서는 라이트업을 시작으로 다양한 조명이 도시속에 전개되고 있다.

도시경관을 구성하는 여러 가지 요소 중 하나

인 조명은 야간의 안전과 아름다운 연출에 커다란 공헌을 하며 야간도시경관을 형성하는 중요한 요소가 된다. 이러한 조명을 경관조명이라 하는데 도시의 야간경관의 연출에 대단히 중요한 부분이다.

야간의 빛은 가로등이나 보행등, 각종 신호등이나 사인류처럼 안전성 및 정보제공의 측면이 강조되는 조명뿐 아니라 특정한 날을 기념하거나 축하하는 등 분위기 연출을 위해 사용되는 조명이 있으며, 선전이나 광고를 위해 시각적인 인지도가 중요시되는 옥외광고물 조명, 건물내부의 빛이 외부로 확산되어 가로를 밝히거나 건물의 입체감을 보여주는 조명, 야간의 도시미를 강조하기 위한 조명 등 다양한 유형으로 구분된다.

그 중에서도 기능적인 측면보다는 미적인 측면이 강조되는 조명을 일반적으로 경관조명이라 할 수 있는데, 이와 같은 조명은 야간의 도시 정체성을 드러내는데 매우 중요한 역할을 하나 실제로는 경관조명과 함께 옥외광고물 조명이나 외부로 확산되는 건물내부 조명, 가로등이나 각종 사인류 등 다양한 빛들이 적절히 조화를 이룸으로써 도시의 야간경관이 형성된다고 볼 수 있다.

따라서 경관조명은 좁은 의미로는 역사적, 상징적 도시구조물들과 각종 조형물들에 대한 미적인 측면이 강조되는 조명을 지칭하지만 넓은 의미로 보면 야간의 빛을 구성하는 다양한 조명들의 전체적인 조화라 할 수 있을 것이다.

사람들은 도시공간을 정지된 상태로 조망하는 경우도 있지만 대부분 보행이나 차량 등에 의해 이동중인 상태로 도시공간을 조망하는 경우가 일반적이다. 여기서 하나의 시점에서 정지되어 보이는 부분은 의도에 따라 다양한 연출이 가능하며, 인위적 연출을 통하여 사람들에게 감성을 불어넣을 수 있다. 이는 야간에는 조명되는 대상밖에 보이지 않는다는 특성으로 인하여 특정요소를 조명하거나 조명하지 않는 등 의도적으로 특정장면의 경관요소를 선택하고 구성하는 것이 가능하고, 또한 조명으로 인한 공간의 크기, 요소의 위치관계, 질감, 따스함, 차가움 등의 시각적 효과를 강조하거나 계절감을 연출하거나 해서 주간과는 달리 경관을 용이하게 조작할 수 있기 때문이다.

이와 같은 측면에서 보면 야간의 경관 요소에서는 장면 형성의 기법이 중요한 역할을 한다. 또 파노라마와 스카이라인의 연출 및 아이스톱(eye stop), 초점, 가각 등 가로의 시각적 요소를 위한 정확한 빛의 연출과 빛의 액세서리의 부가 등을 통해 야간경관을 한층 더 향상시킬 수 있다(김경인, 도시야간 경관의 연출기법, 브이아이랜드, 2003, pp. 13~17).

양호한 도시야간경관을 형성하기 위해서는 가로등이나 건물내부조명, 쇼윈도나 옥외광고물에 의한 조명, 차량전조등, 신호등처럼 의도하지 않은 조명을 적절히 컨트롤함으로써 새롭게 연출되는 경관조명과 조화되도록 하는 것이 중요하다. 이를 위해서는 도시 전체를 가로별, 용도지역별로 구분하여 도시의 정체성을 보여줄 수 있도록 야간경관에 대한 마스터플랜을 수립할 필요가 있다.

과거에는 도시의 조명이란 도로를 밝히는데 더 많은 비중이 주어졌다. 하지만 오늘날, 경관조명은 야간 도시환경의 매력을 높이고 사람들을 끌어들이는 중요한 요소로 받아들여지고 있다. 도시가 갖는 아름다움은 잘 선정된 경관조명의 요소와 경관조명으로 연출된 장소로부터 비롯되며, 도시를 구성하는 모든 환경적 요소들, 건물과 다리, 광장, 공원들은 조명을 통해 각각의 기능적, 역사적, 사회적 존재성과 의미를 부여받게 된다(주진용, 경관조명설계에 관한 연구, 순천대학교 석사논문, 2000, pp. 26~33). 경관조명은 새로운 경관을 연출하여 도시를 한층 풍부하게 해주며, 밤의 활동시간과 영역을 넓혀줌으로써 도시의 경쟁력을 높이는데 기여하고 있다.

VIPCLUB
PK慢摇吧

MITSUKOSHI

PART_1
NIGHT LANDSCAPE_TYPES

제1장_ 유형별 야간경관

TDK
InRed

CHAPTER_1-1

NIGHT LANDSCAPE TYPES CLASSIFIED BY OUTDOOR LIGHTING METHODS

1-1_ 옥외조명방식에 의한 유형별 야간경관

옥외조명은 다양한 방식으로 야간경관에 영향을 미친다. 조명대상의 특성에 따라 조명방식은 달라지는데, 그 기본적인 원리는 야간의 조명대상 특성이 최대한 잘 부각될 수 있도록 해야 한다는 것이다.

조명기술의 발달과 인간의 활동시간 증대로 인하여 조명은 야간의 안전 위주에서 야간의 경관적인 아름다움을 증대하는 방향으로 발전하여 왔다. 성공적인 건물조명은 외관을 아름답게 만드는 것 뿐 아니라 또한 구조를 전체적인 경관 디자인 속으로 통합하여 편안한 환경을 만드는 것이다.

도시공간 속에서의 옥외조명은 적절한 톤과 밝기로서 통제하는 것이 바람직한데 이를 위해서는 도시전체의 야간경관 마스터플랜이 수립되어야 한다. 유럽국가들과는 달리 대부분의 아시아 국가들은 식민지화와 근대화 과정, 전쟁 등을 거치면서 오랫동안 형성되어 왔던 도시 고유의 특성을 상실하고 야간에 너무 많은 조명으로 인하여 아늑하고 아름다운 야경이 많지 않다. 따라서 야간조명은 매우 엄격하게 통제할 필요가 있으며, 이를 위해서는 먼저 도시 전체의 야간조명 마스터플랜이 수립되어야한다는 것이다. 도시의 경관은 다양한 경관요소로 구성되어 있기 때문에 이들 구성요소를 도시전체 또는 지역전체의 과정에서 파악하려는 시도가 필요하다.

도시의 옥외조명 또한 이와 같은 관점에서 도시가로나 및 대상물의 특성별로 적절히 관리되어야 하며, 이를 위해 다양한 옥외조명방식이 활용될 수 있다. 특정한 조명방식이 그 장소에 적합한지는 주변의 상황에 의해 다양한 대안이 만들어질 수 있으며, 어떤 장소에 적합하다는 것은 조명이 주변상황과 조화를 이룬다는 것을 의미한다. 따라서 다양한 조명의 상호관계와 지역 전체의 야간 경관과 조명의 상황을 파악하여 야간경관을 연출하는 것이 바람직하다(유복만, "경관공학", 동명사, 1991, p211~p235).

역사적으로 보면, 조명방식은 도시의 빛의 밝기의 추구와 함께 이벤트, 아트, 레이저 등의 형태로 새로운 조명표현을 도시공간내에서 전개해 왔다. 1879년 백열전구가 발명된 이후, 조명은 단순히 야간에 어둠을 밝히기 위한 도구에서 벗어나 도시에 아름다움과 어메니티를 부여하기 위한 목적에서 끊임없이 개발, 발전되어 왔다. 그 결과, 오늘날 도시의 야간조명은 너무 밝고 현란하여 오히려 도시의 야간환경을 저해하는 경우가 적지 않다. 물론 우리의 경우, 특히 공공조명에 있어 서구와는 달리 도시에 쾌적성과 아름다움을 부여하기 위한 대상으로서보다는 밤을 밝히는 도구로서의 1차적인 목적에 충실한 나머지 다양한 조명방식의 도입이라는 측면에 소홀하였던 것은 분명하다. 하지만 최근에 와서 야간활동을 증진하고 삶의 질을 향상함으로써 도시의 경쟁력을 향상시키려는 시도에서 야간경관조명에 대한 공공부문의 관심이 증가하고 있다. 이와 같은 상황에서 다양한 옥외조명방식의 도입을 위한 실제 적용사례들을 소개하는 것은 도시의 야간경관을 체계적으로 정비하는데 도움이 될 수 있을 것이다.

1-1-1

UPLIGHTING & DOWNLIGHTING

1-1-1_ 업라이팅과 다운라이팅

업라이팅과 다운라이팅은 평면적 혹은 입체적 대상, 예를 들면 건물정면, 기념건조물, 또는 도시조형물을 야간에 잘 보일 수 있도록 하기 위한 목적의 조명이다. 대상물을 상대적으로 보다 뚜렷하게 그 배경으로부터 보이게 한다.

야간조명에 주로 사용되는 업라이팅(상향조명)과 다운라이팅(하향조명)은 건축물을 아름답게 보이게 할 뿐 아니라 야간에 도시가 어두워지는 것을 방지하는 효과도 있다. 야간조명에 사용되는 광원은 백열등, 할로겐램프, 수은램프, 메탈할라이드램프 등이 많고 목조건축, 벽돌타일을 사용한 벽면에는 할로겐램프가, 옅고 산뜻한 벽면에는 메탈할라이드 램프가 적당하다. 또한 광원을 몇 종류로 조합하여 입체감이 있는 조명효과를 연출하는 방법도 있다.

1 General Archive of the Indies(Archivo General de Indias, architect : Juan de Herrera), Sevilla, Spain
2 Strasbourg, France
3 Palermo, Italy
4/5 The Aubette Palace(L'Aubette, architect : Jacques François Blondel), Place Kleber, Strasbourg, France

1

2

3

SUR LE RHIN
Festival des Deux Rives
STRASBOURG & KEHL
Du 23 avril au 10 octobre 2004
Crédit Mutuel
Rendez-vous avec les arts et le jardin
4

Festival des Deux Rives
5

Awaji yumebutai(淡路 夢の舞台), Awaji Island(淡路島, Awaji-shima, architect : Ando Tadao(安藤忠雄), 2000), Japan(日本)

1 Balances Hotel(Hotel des Balances), Lucerne(Luzern), Switzerland
2 Avenue des Champs-Elysees, Paris, France
3 Karl Johans gate, Kvadraturen, Oslo, Norway

1

2

3

Alzette River, Grund, Luxembourg

1

업라이팅(Uplighting)

경관조명에서 업라이팅(Uplighting)은 상향광을 이용하여 윗부분을 강조하거나 시선을 끌 때 사용하는 기법으로서 위로 향하는 빛으로 건축물의 벽면을 간접적으로 비춘다. 낭만적이며 은은한 느낌의 분위기를 자아낸다. 업라이팅의 다양성은 조명기기의 위치와 밀접한 관계가 있다.

바닥에서 위로 비추는 업라이팅은 건축물이나 구조물의 특정부분(기둥 등)을 강조하기 위해 흔히 사용된다.

1 Schlossberg platz(Castle Mountain plaza), Graz, Austria
2 Congress Center Villach, Villach, Austria
3 Admiral Hotel, Copenhagen(København), Denmark
4 Republic Square(Náměsti Republiky), Prague(Praha), Czech Republic
5 Athens(Αθήνα), Greece
6 Central Post Office(Palazzo delle Poste), Palermo, Italy

2

3

4

5

6

1

2

3

4

바닥에 매입되는 업라이팅 조명은 보행을 방해하지 않도록 하여야 하므로 벽에 바싹 붙여 선형의 조명을 설치하거나(사진 1, 2), 건물의 들어간 부분에 설치하기도 한다(사진 5, 6).

지주형 간판 등을 잘 보이도록 하기 위해 바닥매입형 업라이팅 조명을 설치하는 사례도 많이 있다(사진 3, 4)

1 Neuer Wall, Hamburg, Germany
2 Piccadilly Gardens(landscape architects : EDAW and its partners, engineers : Arup, pavilion architect : Tadao Ando and Chapman Robinson, lighting engineer : Peter Fink), Manchester, United Kingdom
3 Awaji Yumebutai(淡路夢舞臺), Awaji-shima(淡路島), Japan(日本)
4 Esplanade(DP Architects(DPA, Singapore) and Michael Wilford & Partners(MWP, United Kingdom), 1995), Singapore(新加坡)
5 Diagonal Hotel, Barcelona, Spain
6 Gherkin Building(also known as the 30 St Mary Axe or Swiss Re Building, Architect : Norman Foster, 2003), London, United Kingdom

5

6

건물 외관에 투사되는 형형색색의 조명은 건물의 성격이 지극히 상업적인 것임을 시사해 주는 것으로, 사람들의 야간활동에 모종의 충동을 느끼게 해 준다. 이와 같은 조명은 너무 많이 사용되면 혼란스럽기 때문에 상업시설과 같은 특정 용도의 특정 건물에만 제한적으로 사용하는 것이 바람직하다.

1/3 Trocadero(entertainment complex), Shaftesbury Avenue, London, United Kingdom
2 H-One, Fukuoka(福岡), Japan(日本)
4 Norway House, Shaftesbury Avenue, London, United Kingdom

4

1

2

다운라이팅(Downlighting)

경관조명에서 다운라이팅(Downlighting)은 위에서 아래쪽으로 빛이 비춰지는 것으로서 건축물의 하부를 위에서 아래로 비추기 위해 사용한다. 건물외부를 비추는 조명으로 다운라이팅은 잘 쓰이지 않으며, 통상적으로 업라이팅과 다운라이팅이 하나의 조명기기로 함께 사용되는 경우가 일반적이다.

1 SIA, Cours de l'intendance, Bordeaux, France
2 Zürich, Switzerland
3 Grund, Luxembourg
4 Budapest, Hungary
5 SOHO Sanlitun(SOHO 尙睹), Beijing(北京), China(中國)
6 Santorini(Σαντορίνη), Greece

3

5

6

1 Powder Tower(Prašné brány), Prague(Praha), Czech Republic
2 Pegnitz river, Nuremberg(Nürnberg), Germany
3 Regina hotel(Votivkirche), Vienna(Wien), Austria

1

2

3

1-1-2

LINE LIGHTING

1-1-2_ 윤곽조명

윤곽조명은 건물의 표면과 공간, 혹은 조형물의 형상과 그 배경과의 사이에 강한 대조를 만드는 것이다. 빛을 하나의 연속된 선으로 연결하여 빌딩, 문이나 열린 창, 2개의 볼륨이 교차하는 장소, 능선이나 지붕의 선 등 윤곽을 표현할 수가 있다. 전체의 형태를 나타내는데 매우 효과적이다.

건축적으로 이 효과는 투광조명에 의해 만들어지는 것과는 상당히 다르고 건물의 주요한 선이 보일 뿐이지만 그래도 역시 부드러운 밤의 분위기를 나타내는데 있어서 그 역할은 상당히 중요하다. 교량이나 고가도로, 빌딩 등을 이 방법으로 조명할 수 있으며, 보행동선을 유도하기 위하여 건물바닥 벽선을 따라 설치하거나 난간, 계단 모서리 등 안전을 위한 목적으로 이용되기도 한다.

포스트모던 스타일(Postmodern architectural style)의 Messeturm(Messe Tower, architect : Helmut Jahn)은 피라미드 모양의 지붕높이만 36.3m로서, 야간에 경관조명으로 강조한 삼각뿔의 피라미드는 많은 마천루 사이에서 이 건물을 매우 뚜렷하게 인식할 수 있도록 해 준다(사진 2).

1 Hotel, SaiWan Lake(西灣湖), Macau(澳門), China(中國)
2 Messe Frankfurt tower(Messeturm Frankfurt, Architect : Helmut Jahn), Frankfurt am Main, Germany

1

2

Lindunlu(Lindun Road, 临顿路), Suzhou(苏州), China(中國)

61

1

건물의 지붕선이나 벽면선, 또는 층별 라인을 따라 광원을 하나의 선으로 연결한 윤곽조명은 건물의 구조적인 아름다움을 강조하는 측면이 강하다.

화려함을 선호하는 중국인들의 특징은 야간조명을 통한 건축물의 장식으로 잘 드러나는데, 중국의 대도시에서는 윤곽조명이 역사적 건축물뿐만 아니라 호텔과 같은 현대식 건축물 등에 광범위하게 사용된다.

1 Tiananmen(天安门), Beijing(北京), China(中國)
2/3 Gloria Plaza Hotel(凱萊大酒店), Ganjiang East Road(干将东路), Suzhou(苏州), China(中國)
4 Maybank Tower, Marina bay, Singapore(新加坡)
5 Bank of China(中國銀行, architect : I. M. Pei, 1990), Kowloon(九龍半島), Hong Kong(香港), China(中國)
6 Oceana nightclub, Anchor Square, Bristol harbourside, Bristol, United Kingdom
7 Suzhou Industrial Park Near CBD(苏州 工业园区), Suzhou(苏州) China(中國)

2

3

4

5

6

7

1

2

3

고가도로 상판 하부나 상판 난간을 따라 길게 연결시킨 조명은 고가도로의 구조미를 잘 드러내며, 선적(線的)인 이미지를 보여주는데 아주 적합하나 너무 과다하게 사용되면 도시의 야간가로경관을 해칠 수 있다.

1/2 Shenyang(沈陽), China(中國)
3 Beijing(北京), China(中國)
4 Shanghai(上海), China(中國)
5 Xiamen(廈門), China(中國)

4

5

1

2

보도의 난간이나 건물바닥 모서리, 지하차도, 작은 브릿지 등에 선형으로 설치되는 조명은 방향성을 지시해 준다.

1 London City Hall, London, United Kingdom
2 Willy Brandt Platz, Frankfurt am Main, Germany
3 Suzhou Central Park(苏州中央公园), Suzhou(苏州), China(中國)
4 Salzburg, Austria
5 Mur river, Graz, Austria

1-1-3

SILHOUETTE LIGHTING

1-1-3_ 실루엣조명

실루엣 조명이란 사람과 광원 사이에 대상물을 두고 배경 전체를 강한 빛으로 처리하는 방법으로, 신비롭고 극적인 순간을 잘 묘사할 수 있다. 세부적인 디테일보다는 물체의 윤곽이 강조된다.

실루엣 조명기법은 시각적인 눈부심이 없고 물체의 형상은 강조되나 물체 면의 세밀한 모사는 할 수 없다. 또한 광원 앞에 있는 대상물의 형태가 실루엣으로 나타나므로 친근하며 시적인 분위기를 자아낸다.

1 Kuala Lumpur Convention Center, Kuala Lumpur, Malaysia
2 Nationale Nederlanden building(The Dancing House, Architect : Frank Gehry, 1996), Prague(Praha), Czech Republic

1

2

1

2

광원을 조명하고자 하는 대상물 뒤에 숨겨 대상물의 실루엣을 강하게 보여주는 조명기법은 벤치나 조각적인 조명, 성당과 같은 고건축 등 조형성을 지니는 대상에 적용하게 되면 정적(靜的)이면서 형태적인 아름다움을 잘 보여줄 수 있다.

1 La Villette park(Parc de la Villette), Paris, France
2 Neumünster Abbey, Luxembourg
3 Puerta de America Hotel, Madrid, Spain
4 Strasbourg, France
5 Castle Garden Palace(Várkert Palota), Budapest, Hungary

3

4

5

1

2

3

1 Queen Sofia Palace of the Arts(Palau del las Arts Reina Sofia, architect : Santiago Calatrava, 2005), Valencia, Spain
2 Hoshinoya(星のや), Karuizawa(軽井沢), Japan(日本)
3 Clyde riverside, Glasgow, United Kingdom

1

2

3

1/2 SMG, Clyde riverside, Glasgow, United Kingdom
3 Daikanyama Address(代官山アドレス), Tokyo(東京), Japan(日本)
4 Radisson SAS Hotel, Rome(Roma), Italy
5 Strasbourg reflets ES, Strasbourg, France

4

5

National Museum of Wales, Cardiff, United Kingdom

1

2

3

건물벽 전체를 조명하여 그 앞에 서 있는 대상물의 실루엣만 보이도록 하는 것은 신비스런 느낌을 주지만 눈부심이 나타날 수 있기 때문에 이를 방지하기 위하여 조도와 휘도를 낮추기 위한 막이나 반투명 재료들이 광원과 대상물 사이에 설치되는 경우가 많다.

1/2/3 Kunsthalle(architect : Hermann Billing, 1907), Mannheim, Germany
4/5 Osaka(大阪), Japan(日本)

1

1-1-4

BEAM PLAY

1-1-4_ 빔플레이

빔플레이는 광선을 스크린에 투사하여 형태나 무늬를 연출하는 것이다. 스크린은 연출을 위해 인위적으로 만드는 경우도 있지만 건물외벽에 투사하거나 바닥에 투사하는 경우가 일반적이다. 정지화상이 일반적이나 동영상을 이용하는 경우도 있다.

빔플레이에 의해 연출되는 그림자의 효과는 공간을 생기있게 해 준다. 조명 액세서리를 기구에 부착하면 광선의 효과를 다양하게 얻을 수 있으며 빛을 받는 물체의 표면특성 즉 광택, 색, 재질감 등에 따라 광선의 형태가 변한다. 무광택표면에 광선이 비추어질 경우 부드러운 느낌을 준다. 즉 명도가 높을수록 반사율이 높아 광선의 형태가 명확해지고 화려한 느낌을 준다.

1/2/3 Villach Drau Bridge Station Road(Villach Draubrücke Bahnhofstraße), Villach, Austria
4 Villach Drau Bridge(Villach Draubrücke), Villach, Austria

3

4

1

2

3

벽면이나 막 등에 투사되는 빔은 정적(靜的)인 형태로 된 것도 있으나 동적(動的)인 형태로 된 것도 있다. 정적인 빔플레이보다 동적인 빔플레이는 야간에 혼란을 줄 수 있으므로 규모가 작거나 한정된 장소(공간)에서 주로 사용된다.

1 la place du Pilori, Nantes, France
2 Cultural Centre, Hong Kong(香港), China(中國)
3 London, United Kingdom
4/5 Amphitheatre Esplande. Singapore(新加坡)

4

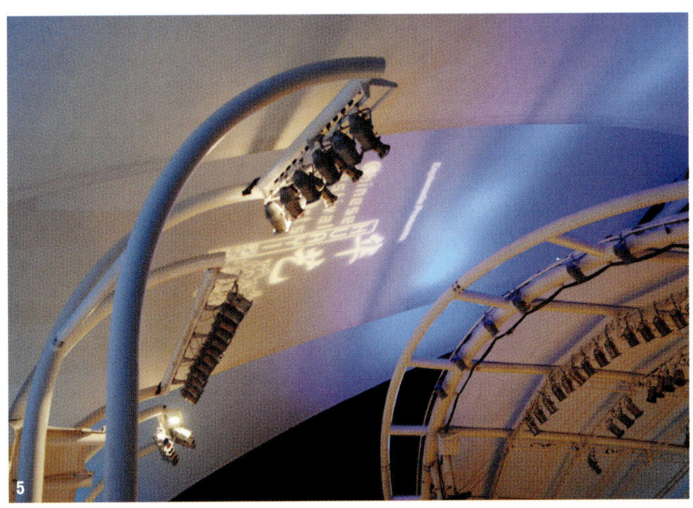

5

Crown Tower Hotel, Melbourne, Australia

1

시청사나 경기장, 도시상징물 등의 외관에 빔플레이를 통해 연출하기도 하며, 최근에는 쇼핑몰의 바닥에 사람들의 접촉에 반응하는 인터렉티브(interactive) 빔플레이를 설치하기도 한다.

1 Oslo, Norway
2 Ljubljana, Slovenia
3/4 Amsterdam, Netherlands
5 Vienna(Wien), Austria

1

옥외 엘리베이터의 지붕에 설치된 반구형(半球形)의 백색 스크린은 마치 영화화면처럼 빔을 투사함으로써 다양한 화면연출이 가능하다. 이와 같은 화면연출은 보여주기 위한 것이라기보다는 쇼핑센터의 정보를 제공하거나 분위기를 연출하기 위한 액세서리로서 기능한다.

1/2/3/4 Namba(難波) Parks(shopping mall, architect : Jon Jerde, Lighting Designer : Joe Kaplan Architectural Lighting, 2003), Osaka(大阪), Japan(日本)

2

3

4

1-1-5

SHADOW PLAY

1-1-5_ 새도우 플레이

공간은 빛과 그림자의 관계에 의해 인지되며 그림자는 질감과 공간의 깊이를 느끼게 해주므로 빛에 의해 생기는 그림자의 형태는 시각적 메시지를 전달할 수 있다. 새도우 플레이(그림자 연출기법)는 빛 부분이 아닌 그림자가 지는 부분을 이용하는 방법으로써 공간에 질감과 깊이를 부여한다.

새도우 플레이에 의해 형성되는 그림자는 물체의 크기, 형태 및 공간적 위치 등을 알려준다. 모든 사물은 광원의 위치나 각도에 따라 나타나는 형태감은 달라지는데 빛이 45° ~ 60° 의 각도에서 사물을 비출 때 가장 적절한 그림자가 생긴다.

조개껍데기처럼 생긴 시드니 오페라하우스의 지붕(shell)에 아래에서 위로 빛을 비춤으로써 형성되는 빛과 그림자는 중첩된 지붕(shell)의 형태를 구분시켜 준다(사진 1).

1 Sydney Opera House(Architect : JØrn Utzon, 1973), Sydney, Australia
2 Calle Doctor Areilza, Bilbao, Spain

1

2

1

2

야간에 벽의 돌출과 만입부분을 조명함으로써 형성되는 그림자는 야간의 건물에 낮과는 다른 표정을 부여한다.

1 Mercure Hotel, Montparnasse, Paris, France
2 Strasbourg, France
3 Deansgate street, Manchester, United Kingdom
4 Ankara, Turkey

3

4

1

2

3

4

환경조형물에 빛을 비춤으로써 형성되는 그림자는 환경조형물의 시각적인 아름다움을 풍부하게 해 주며, 다양한 분위기 연출이 가능하다.

1 Awaji yumebutai(淡路 夢の舞台), Awaji Island(淡路島, Awaji-shima, architect : Ando Tadao(安藤忠雄), 2000), Japan(日本)
2 Sites and Places(Sitios y Lugares - Sculpture of cups of coffee, Sculptor : Angel Garraza). Euskalduna Conference Centre and Concert Hall(Palacio de los congresos y de la musica), Bilbao, Spain
3 Starbucks(北野物語館), Kobe(神戸), Japan(日本)
4 Singapore(安藤)
5 La Villette park(Parc de la Villette), Paris, France

5

1 Bridge to the Music Building at the IJ(Muziekgebouw aan het IJ), Amsterdam, Netherlands
2 The BMW Edge Amphitheatre, Federation Square
(Architects : Don Bates and Peter Davidson of Lab Architecture Studio, 2002), Melbourne, Australia

1

2

1

2

교량이나 건축물 등 도시구조물의 구조체는 그 자체로서 구조적인 미를 가지고 있기 때문에 야간에 적절한 조명을 투사하여 형성되는 그림자는 이와 같은 구조미를 더욱 돋보이게 할 수 있다.

1 Bridge to the Music Building at the IJ(Muziekgebouw aan het IJ), Amsterdam, Netherlands
2 Cite des Sciences et de l'Industrie, La Villette park(Parc de la Villette), Paris, France
3 William PENN, Millennium Square, Bristol, United Kingdom
4 Vittorio Emanuele II Monument, Rome(Roma), Italy

3

4

1-1-6

BACK LIGHTING

1-1-6_ 백라이팅

백라이팅(후광(後光)조명기법)은 무광택의 흰색 패널 뒤에 일반적으로 형광등을 부착하여 반투명 확산판을 통해 빛을 분산시킨다. 광창조명, 광천장 조명에 많이 사용된다. 강조부분이나 색이 어둡거나 투명한 상품의 배경조명으로 효과적이다.

이 방식은 무광택의 흰색 패널 외에 실크 스크린, 스테인드글라스, 대리석 박판이나 그 밖의 투과성 재료를 이용하기도 하며, 대상물의 3차원적 특성을 부드럽게 연출, 부각시킨다. 때로 빛을 고르게 확산시키기 위해 간접조명기구를 사용하기도 한다.

1 Kokusai-tenjijo station(国際展示場駅), Odaiba(お台場), Tokyo(東京), Japan(日本)
2 Tenjin(天神) Fukuoka(福岡), Japan(日本)
3 Hamburg, Germany

1

エレベーター Elevator
エスカレーター Escalator
コインロッカー Lockers
総合案内所 Information
天神警察交番 Tenjin Koban
バスセンター Bus Center
電車のりば北口 Nishitetsu Tenjin Ōmuta Line
バス降車場 (到着) Bus Arrival
P ターミナル駐車場 Terminal Parking
ソラリアプラザ SOLARIA PLAZA
2

3

1

2

백라이팅은 주로 흰색의 반투명 패널 뒤에 설치되나 황색이나 적색의 패널을 이용하는 사례(사진 6)도 있다. 이와 같은 백라이팅은 천정조명으로 설치되는 경우가 가장 많지만 벽면(사진 3, 4)이나 건물의 기둥(사진 7), 브릿지의 하부(사진 1, 2) 등 다양한 위치에 설치되기도 한다.

1/2 Changi International Airport, Singapore(新加坡)
3/4 Roppongi(六本木) Hills, Tokyo(東京), Japan(日本)
5 Metro station, Budapest, Hungary
6 Tokyo Star Bank, Nagoya(名古屋), Japan(日本)
7 Hamburg, Germany

3

4

Kijárat Exit
Deák Ferenc tér
Erzsebet
5

TOKYO STAR BANK
Financial Lounge
TOKYO STAR BANK
TOKYO STAR BANK
6

Contactlinsen
23
25
7

London Heathrow Airport, London, United Kingdom

A
C

1

2

3

1 Federation Square(Architects : Don Bates and Peter Davidson of Lab Architecture Studio, 2002), Melbourne, Australia
2 Mercedes-Benz Museum Stuttgart (Architect : Ben van Berkel of UN Studio, 2006), Stuttgart, Germany
3 EXPO 2005 AICHI, Aichi Prefecture(愛知県, Aichi-ken), Japan(日本)

1

2

백라이팅(후광(後光)조명기법)은 자연광을 반투명의 채색유리창을 통해 빛을 유입시키거나 채색 유리블럭안에 조명을 설치하여 환상적인 분위기를 연출할 수 있으며(사진 1, 3), 바닥 또는 건물의 커튼월을 이용하거나(사진 4, 5) 벤치와 같이 가로시설물 내부에 조명을 설치하여(사진 2) 백라이팅의 효과를 도모할 수 있다.

1 Daikanyama Address(代官山アドレス), Tokyo(東京), Japan(日本)
2 Graf Adolf Platz, Düsseldorf, Germany
3 Agbar Tower(Torre Agbar, Architect : Jean Nouvel, 2004), Barcelona, Spain
4 Tokyo International Forum(東京國際フォラム, Architect : Rafael Vinoly, 1996), Tokyo(東京), Japan(日本)
5 Breeze Tower, Umeda(梅田), Osaka(大阪), Japan(日本)

3

4

5

1-1-7

HIGHLIGHTING

1-1-7_ 하이라이팅

하이라이팅(강조조명기법)의 경우는 특정 물체에 보통 배경 밝기의 5배 이상을 비춰 배경과 강한 대조를 이루게 함으로써 사람들의 시선을 끌 수 있고, 사람들이 어떻게 움직이며 공간에서 사람들이 어떤 방향에 위치할 것인가를 가늠하게 한다.

도시에서의 하이라이팅은 실내에서와는 달리 특정한 도시구조물을 주변보다 매우 밝게 하여 도시의 초점으로 활용하는데, 주로 주요 교차로의 높은 건물이나 역사적인 도시구조물, 상징탑 등이 일반적으로 활용된다.

건축물이나 교량, 타워 등 도시구조물의 외관에 활용되는 하이라이팅 기법은 구조물의 특정 부위, 예를 들면 구조물의 옥상부(가장 많이 활용되는 부분이다)나 모서리, 건물의 특정층(層) 등을 주변보다 매우 밝게 조명함으로써 시각적인 랜드마크로서 활용하는 경우가 많다.

Herz Jesu Kirche(Sacred Heart Church), Schlossberg(view point), Graz, Austria

1

2

1 Hohensalzburg, Kapitelplatz(viewpoint), Salzburg, Austria
2 Malostanská Water Tower(Malostranská vodárenská věž), Jiráskův Bridge(Jiráskův Brücke, viewpoint), Prague(Praha), Czech Republic
3 Westend Tower(Architect : Kohn Pedersen Fox, 1993), Moselstraße(viewpoint), Frankfurt am Main, Germany

3

1

2

도시가로에서의 하이라이팅은 도시의 초점이 되는 곳이 바람직하다. 이와 같은 장소로서는 도시의 관문이 되는 주요 진입로나 교차로, 멀리서 잘 볼 수 있는 도시의 랜드마크, 높은 지역의 공공건축물이나 역사적 상징물 등이 있다.

도시의 랜드마크가 될 수 있는 도시 하이라이팅은 도시전체의 조명계획이 매우 중요한데, 이를 위해서는 대상 건물의 조명밝기가 주변보다 훨씬 밝아야 하지만 그보다 더 중요한 것은 하이라이팅 조명 대상 주변건물들이나 가로의 조도를 낮게 유지하도록 하여야 한다.

1 Awaji Westin Hotel, Awaji Island(淡路島), Japan(日本)
2 Under Rheinkniebrücke(viewpoint), Düsseldorf, Germany
3 Notre Dame Basilica and Metallic Tower(Basilique Notre Dame and Tour metalique), Fourvière, Tour du Crédit Lyonnais(viewpoint), Lyon, Rhône, Rhône-Alpes, France
4 Vittorio Emanuele II Monument, Rome(Roma), Italy

1

마천루(skyscraper)의 옥상부분만을 하이라이팅으로 강하게 조명하여 멀리서도 뚜렷이 보이게 함으로써 도시 야간경관의 랜드마크가 될 수 있다. 이 경우, 마천루의 지붕은 멀리서 잘 볼 수 있으면서도 건물의 정체성을 분명히 나타내기 위해 독특하면서도 아름다운 형태로 건축된다.

중국 상해의 Waitan(外灘)지역에 위치한 중국공상은행의 지붕은 뉴욕 맨하탄의 Chrysler Building과 유사한 지붕형태를 가지고 있고(사진 1), 독일 프랑크푸르트와 중국 상해의 두 마천루 건물 지붕은 왕관모양으로 되어 있으며(사진 2, 3), 오사카의 HERBIS ENT Tower 옥상은 반투명의 접시를 뒤집어 놓은 듯한 형태로(사진 4) 각자 고유한 개성을 지니고 있다.

1 ICBC(中国工商银行), Waitan(外灘), Shanghai(上海), China(中國)
2 Westend Tower(Architect : Kohn Pedersen Fox, 1993), Frankfurt am Main, Germany
3 The Westin Bund Center(上海威斯汀大饭店), Shanghai(上海), China(中國)
4 HERBIS ENT Tower(The Ritz-Carlton Hotel), Osaka(大阪), Japan(日本)

2

3

4

1 Commerzbank Tower(Architect : Norman Foster, 1997), Frankfurt am Main, Germany
2 Victoria Square shopping centre(Architect : Building Design Partnership and T+T Design, 2008), Belfast, United Kingdom
3 Stadtwerke AG, Andreas Hofer Platz, Graz, Austria
4 Culture and Convention Center(Kultur und Kongresszentrum), Stuttgart, Germany

1

2

3

4

1

2

3

건물의 모서리, 혹은 특정 층(層)을 강조하여 조명함으로써 야간의 가로경관을 향상시킬 수 있다. 도시의 야간경관에 부정적인 영향을 끼치는 밋밋한 건물들의 특정 부분을 선택하여 하이라이팅하는 것은 야간의 안선을 확보하는데 도움이 될 뿐 아니라 도시야경을 아름답고 분위기있게 만드는데 도움이 된다.

1 BundesBus Terminal, Andreas Hofer Platz, Graz, Austria
2 SMG, Clyde riverside, Glasgow, United Kingdom
3 Salzburg, Austria
4 Luxembourg
5 Taipei101(台北101), Taipei(台北), Taiwan(臺灣)
6 Osaka Hilton Plaza West, Osaka(大阪), Japan(日本)

4

5

6

1-1-8

LED & LASER LIGHTING

1-1-8_ LED 및 레이저조명

LED는 발광 다이오드(Light Emitting Diode)의 약어로서, 내구성이 길고 낮은 전력으로 여러 가지 색의 구현이 가능하기 때문에 야간의 경관조명 광원으로 사용되는 사례가 증가하고 있다.

알리안츠 아레나(Allianz Arena)는 독일 뮌헨의 북쪽에 위치한 축구경기장으로, FC Bayern München과 TSV 1860 München이 이 경기장을 홈구장으로 사용한다.

외벽은 유리와 콘크리트로 만들어졌으며, 유리 위에 0.2mm 두께의 얇은 ETFE(ethylene tetrafluoroethylene) 필름을 붙였다. 이 필름은 기후에 매우 강하고 불에 타지도 않으며 노화되지도 않을 뿐 아니라 빛 투과율이 90%에 달한다. 각 필름 패널은 제각각 흰색, 빨간색, 파란색의 빛을 낼 수 있으며, 외관의 조명색상을 달리하여 경기장을 사용하는 팀을 구별한다. FC Bayern München의 경기 때에는 빨간색, TSV 1860 München의 경기에는 파란색, 독일 대표팀의 경기에는 흰색 빛으로 장식한다.

1/2/3/4 Allianz Arena(Architect : Herzog & de Meuron, 2005), Munich(München), Germany

1

2

3

4

1

2

백색의 패널 뒤에 LED 조명을 넣어 여러 가지 색상을 구현하기도 하며(사진 1, 2), 건물입면에 LED를 이용하여 색상의 변화를 통해 역동성과 표정을 부여할 수 있다(사진 3, 4).

1/2 Sunshine Sakae(栄), Nagoya(名古屋), Japan(日本)
3/4 Confcooperative, Edificio de neon, Rome(Roma), Italy

3

4

1 ponte pedonale(footbridge), Villach, Austria
2/3/4/5/6/7 Drau river banks, Villach, Austria

1

2

3

4

5

6

7

1

2

여러 가지 색상의 조명연출이 가능한 LED를 도시조형물에 적용함으로써 다양한 도시 분위기를 연출할 수 있는 반면, 적절히 통제되지 않을 경우 현란한 조명색상으로 인하여 가볍고 천박한 분위기를 초래할 수 있다. 따라서 고건축물이나 공공시설처럼 차분한 분위기가 필요한 도시공간이나 대상물은 LED와 같은 현란한 색상의 조명을 피하는 것이 바람직하다.

1/2/4/6 Suzhou(苏州), China(中國)
3/5/7 Suzhou Central Park(苏州中央公园), Entrance, Suzhou(苏州), China(中國)

3

4

5

6

7

Esplanade mall(Architect : DP Architects and Michael Wilford & Partners, 1995), Singapore(新加坡)

다양한 색상의 조명을 연출할 수 있는 LED의 특성을 이용하여 야외카페(사진 1, 2, 3)나 쇼핑몰의 천장(사진 4, 5)에 장식요소로서 도입하게 되면 사람들의 시선을 끌 수 있다.

LED 조명을 벽면에 설치하여 간단한 광고나 정보전달이 가능하며, 이와 같은 광고는 평면적이고 정지된 형태의 광고보다 훨씬 뛰어난 효과를 지닌다.

1/2/3 Esplanade mall(Architect : DP Architects and Michael Wilford & Partners, 1995), Singapore(新加坡)
4/5 Shopping Mall, Sydney, Australia
6 Sparkasse Tyrol Passage, Innsbruck, Austria

4

5

6

7

Oriental Pearl Tower(东方明珠) and Shanghai International Convention Center(上海国际会议中心), Pudong(浦东), Shanghai(上海), China(中國)

SUPER BRAND MALL

1

2

3

레이저조명은 일반적으로 관중들에게 흥미를 유발하기 위해 사용된다. 레이저조명은 콘서트나 서커스와 같은 공연에서 음악과 함께 사용되는 경우가 많으나 최근에는 공원 등 도시공간의 특정 장소에서 일시적인 공연과는 상관없이 도시경관 차원에서 상시적으로 사용되는 사례가 증가하고 있다.

레이저조명의 경우, 다른 조명기법과는 달리 레이저의 특성상 주변에 빛의 영향을 주지 않으면서도 멀리까지 투사할 수 있기 때문에 도시전체의 경관조명으로 널리 사용된다.

1 The Huc Bridge(Cầu Thê Húc), Hoan Kiem Lake, Hanoi(Hà Nội, 河内), Vietnam
2/3/4 Entrance, Suzhou Central Park(苏州中央公园), Suzhou(苏州), China(中國)
5 Hisaya Odori Park(久屋大通公園), Osaka(大阪), Japan(日本)

4

5

1-1-9

ANIMATION LIGHTING

1-1-9_ 애니메이션

LED나 작은 전구 등을 이용한 전광판은 옥상에 설치하여 광고판으로 사용되는 사례가 많으나 대형상업건물의 벽이나 상업가로 위에 덮개처럼 설치하게 되면 매우 활발하고 흥미로운 분위기를 연출할 수 있다.

대규모 지붕덮개형 전광판은 설치 및 유지관리에 많은 비용이 소요되나 일단 설치하면 TV 화면처럼 움직임이 가능한 특성을 이용하여 다양한 연출과 정보전달이 가능하다. 이와 같은 조명기법은 어두움을 밝히기 위한 것이라기보다는 사람들의 호기심을 유발하고 즐거움을 선사하는 오락적 기능이 매우 크다.

중국 베이징 업무지구에 있는 거대한 천정형 LED 스크린은 The Place(世貿天階)의 주요 볼거리를 위한 요소로서 건설되었다. 5층의 소매점과 23층의 오피스 타워로 이루어진 두 건물 사이의 전체 가로를 덮고 있는 하늘 스크린은 길이 700미터, 폭 26.8미터, 높이 24.4미터로 전체면이 LED 모듈로 덮여 있다. 이것은 미국 네바다주 라스베가스(Las Vegas)의 Fremont Street Experience와 유사하다(사진 1, 2).

1/2 The Place(世貿天階), Beijing, China(中國)

1

2

1

2

3

Las Vegas의 원 도심(original downtown)이었던 Fremont Street는 차도를 막아 5개 블록의 보행자 전용도로(pedestrian mall)를 만들었는데(사진 1, 2), 2004년, 가로 전체에 200만개 이상의 전구로 장식된 높은 캐노피를 씌웠다. 이는 전 세계에서 가장 커다란 스크린으로서, 일정한 간격으로 5개 블록 전체 가로의 네온사인이 꺼지면 웅장한 음향과 함께 간단한 애니메이션이 공연된다.

1/2 Fremont Street Experience, Las Vegas, Nevada, USA
3/4/5 Tamaya(玉屋本店), Fukuoka(福岡), Japan(日本)

4

5

1/2 Sunshine Sakae(栄), Nagoya(名古屋), Japan(日本)
3/4 Citigroup Tower, Pudong(浦东), Shanghai(上海), China(中國)
5/6 Aurora Plaza(震旦大厦) and Citigroup Tower, Pudong(浦东), Shanghai(上海), China(中國)

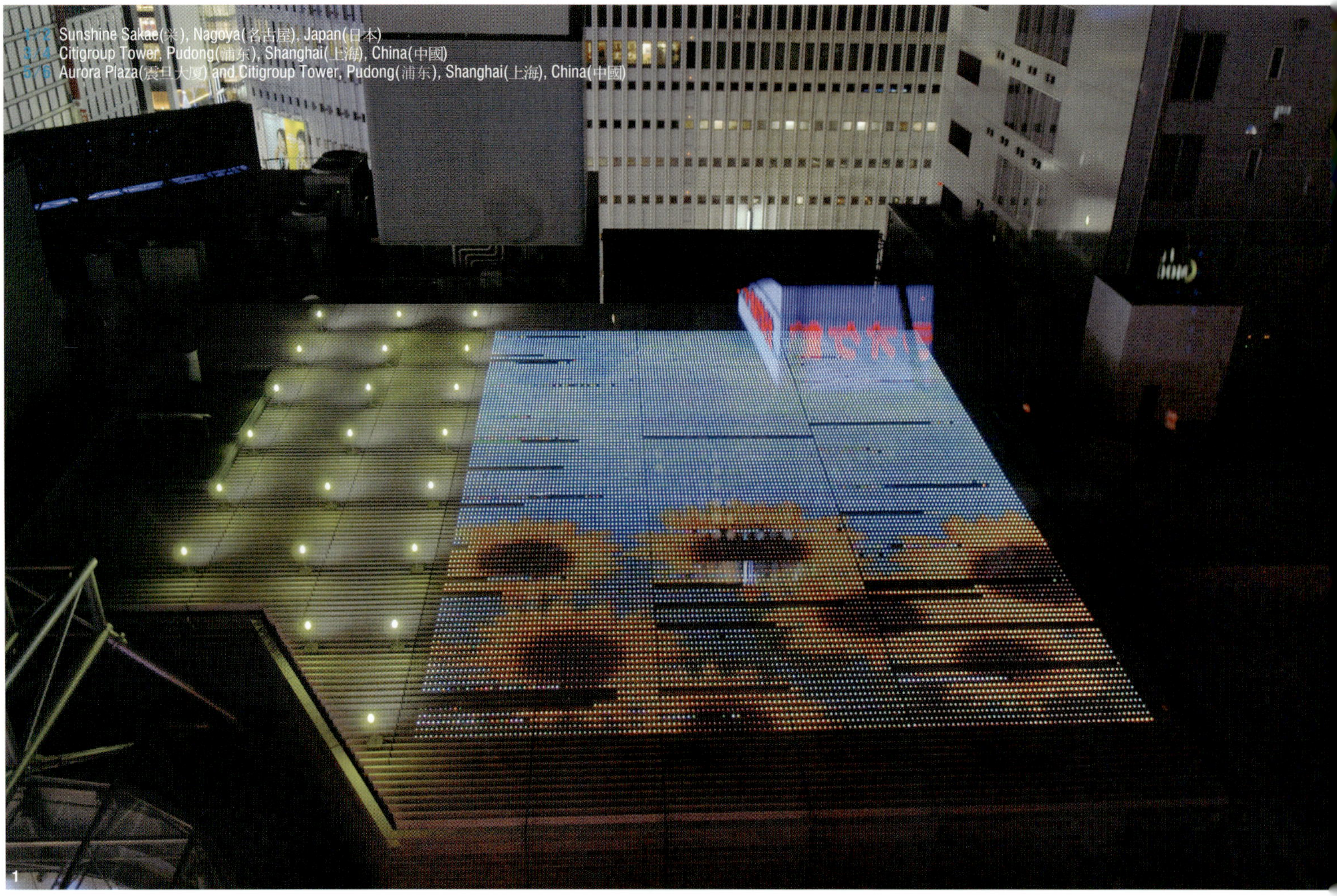
1

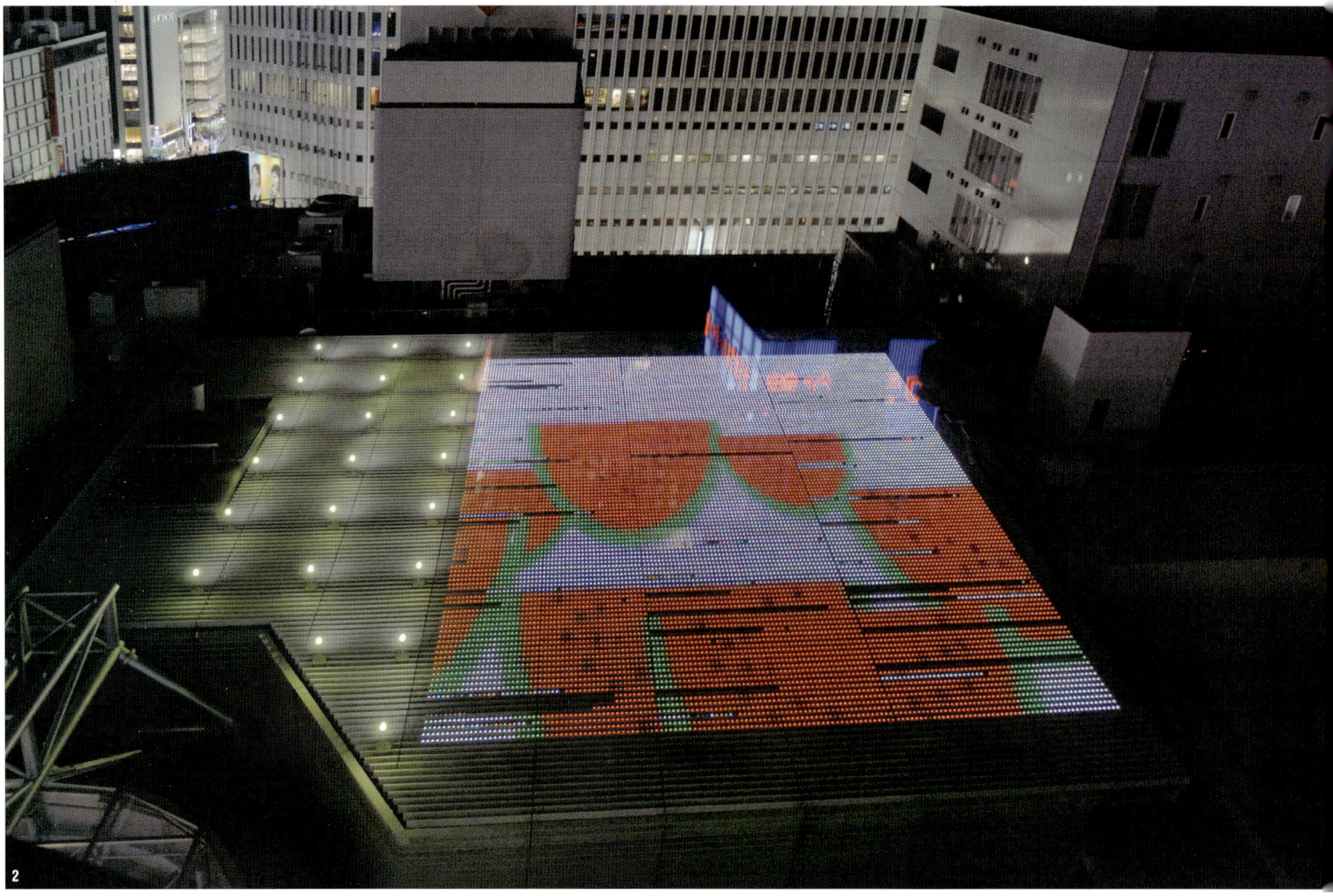
2

citigroup
震旦
安利
Amway
海天酱油
3

citigroup
震旦
安利
Amway
4

AURORA
citigroup
BIRD
波导
5

AURORA
citigroup
6

1

비엔나의 Uniqua Tower는 유럽 그린빌딩(Green Building) 인증을 받았으며, 각각 제어가 가능한 182,000개의 RGB LED 비디오 픽셀을 이중 파사드(double facade) 사이의 공간에 설치하여 하나의 거대하고 연속적인 스크린으로 건물 외관을 활용할 수 있도록 하였다.

아티스트 그룹(artists group)인 Mader Stublic Wiermann는 이 시스템에서 초당 25개의 이미지를 보여주는 "twists and turns" 라는 예술적인 비디오를 개발하였는데, 이것은 야간에 Uniqua Tower의 외관을 완전히 다른 모습으로 변화시키고 있다.

1/2/3 Uniqa Tower(Architect : Heinz Neumann, 2004, Video Design : Mader Stublic Wiermann, 2006), Vienna(Wien), Austria

2

3

1-1-10

EVENT LIGHTING

1-1-10_ 이벤트조명

이벤트조명은 특정기간이나 특정장소에 일시적으로 설치되는 조명으로서 축제나 기념일, 종교행사 등 분위기를 조성하거나 기념하기 위해 설치한다.

대표적인 이벤트조명은 특정기간에 특정행사의 분위기를 조성하기 위한 일루미네이션, 물 위에 띄우는 유등, 종교행사를 위한 연등 등 다양하며, 최근 연말연시에 많이 설치되는 루미나리에(luminarie)는 일루미네이션(ILLUMINATION)의 일종이다.

일루미네이션은 수많은 작은 전구나 LED조명으로 다양한 조형물과 나무 등을 장식하거나 인위적으로 연출하여 반짝이게 하는 것으로 축제일이나 크리스마스, 새해 등 특정기간에 주로 한시적으로 사용되는 경우가 일반적이다.

1 Bukit Bintang Road, Kuala Lumpur, Malaysia
2 Chiesa di San Francesco D'Assisi(St. Francis Church of Assisi), Via Immacolatella, Palermo, Italy
3 Plaza 66(恒隆廣場), Shanghai(上海), China(中國)

1

2

3

1

크리스마스 시즌에는 다양한 조명이 연출된다. 가로수나 관목류에 LED 등으로 조명하는 방식이 가장 일반적이나 크리스마스 트리(Christmas Tree)를 인공적으로 만들거나 벽면에 크리스마스를 주제로 한 조명을 설치하는 경우도 많이 있다.

겨울의 도시풍경은 그 밖의 다른 계절에 비해 매우 단조롭고 무미건조하기 때문에 특히 야간에 나뭇잎이 떨어져 가지만 앙상하게 남은 나뭇가지에 조명을 설치하게 되면 분위기있는 공간을 연출할 수 있다. 도시의 품격은 도시의 가로에서 잘 드러나며, 이는 그 곳에 사는 사람들의 삶의 질을 높여줄 뿐 아니라 시민들의 의식 수준 그 자체이기도 하다.

1 X-mas Decoration, JR Nagoya Station, Nagoya(名古屋), Japan(日本)
2/3 Shin Kong Mitsukoshi Department Store(新光三越百貨店), Taipei(台北), Taiwan(臺灣)
4 Mitsukoshi Department Store(三越百貨店), Otsu Street(大津通), Nagoya(名古屋), Japan(日本)
5 Crown Plaza Hotel, Kobe(神戸), Japan(日本)
6 X-mas Decoration, Nagoya Tokyu Hotel, Nagoya(名古屋), Japan(日本)

2

3

4

5

6

1/2/3/4/5 X-mas Decoration, JR Nagoya Station, Nagoya(名古屋), Japan(日本)

2

3

4

5

1

2

3

1 Nagoya TV Tower(名古屋テレビタワー), Nagoya(名古屋), Japan(日本)
2/3/4/5 Kego Park(警固公園), Fukuoka(福岡), Japan(日本)

4

5

Luminarie, Kobe(神戸), Japan(日本)

루미나리에(Luminarie)는 전구를 이용한 빛의 축제로서, 조명으로 건축물을 만들거나 장식하며 빛의 예술 또는 빛의 조각이라고도 한다. 그 기원은 16세기에 이탈리아 나폴리왕국에서 왕가의 행차를 기념하기 위한 장식에서부터 시작되었으며, 이후 기독교의 성인(聖人)을 기리고 빛이 가진 정신 가치를 나타내기 위한 종교의식으로 발전하였다.

루미나리에는 곧게 뻗은 도로에 아치형 구조물을 설치하여 빛의 터널처럼 보이게 하는 Galleria, 평면 구조물로 원형이나 마름모꼴 등 다양한 모양을 만들 수 있는 Spalliera, 화려함과 웅장함을 표현하기 위해 Galleria 입구에 설치되는 Facade 등이 있다.

고베의 루미나리에(Kobe Luminarie)는 매년 12월 고베시청과 Higashi-Yuenchi Park(東遊園地公園) 주변에 설치되는 빛의 조각(Sculpture of lights)으로서, 1995년 1월의 고베대지진으로 사망한 희생자를 추모하고 고베 시민들에게 용기와 희망을 주기 위해 그 해 12월 처음 개최되었다. 조명은 이탈리아 정부가 기증하였으며, 이탈리아 야외조명쇼 전시 및 설치업체인 Studio Festi와 고베출신 프로듀서인 Hirokazu Imaoka가 공동으로 제작하였다.

6:00－23:00
公共电汽车除外

Coca-Cola
Coca-Cola

CHAPTER_1-2

NIGHT LANDSCAPE TYPES CLASSIFIED BY OUTDOOR LIGHTING OBJECTS

1-2_ 옥외조명대상에 따른 유형별 야간경관

도시의 야간조명은 크게 교통안전과 방범을 위한 빛이나 호객을 위한 광고의 빛과 같이 공간 기능의 확보 및 보장에 주안점을 두고 있는 '빛'과, 건물의 라이트업과 일류미네이션 등 야간의 도시경관을 연출하는 것에 주안을 두고 있는 '빛' 등 두 가지 종류가 있다. 이와 같이 두 종류의 빛은 그 의도와 목적은 다르지만 도시야간경관을 형성하는 하나의 구성요소이다(김경인, 도시야간 경관의 연출기법, 브이아이랜드, 2003, p13~p17).

도시의 야간조명은 도시경관의 일부로서 야간에서 도시경관의 커다란 영향을 미친다. 이 때문에 역사적인 건조물이나 교량, 도로, 광장, 공원 등 도시가로를 아름답게 하기 위한 경관조명사업이 여러 나라의 도시에서 활발하게 이루어지고 있는데, 이는 주간에는 눈에 띄지 않는 존재라도 경관조명을 통하여 도시의 랜드마크로 만들 수 있기 때문이다.

경관조명은 아름다운 야간경관의 형성을 도모하기 위해 의도적으로 연출된 조명인 반면, 현대 도시에는 의도하지 않은 여러 가지 조명이 넘치고 있는데, 거리에서 광고나 호객을 위한 간판, 네온사인 등의 상업적인 조명과, 보행등이나 가로등, 보안등, 신호등 등이 대표적인 것으로, 야간경관의 중요한 구성요소가 된다.

야간에 조명의 대상이 되는 유형을 분류하여 보면, 크게 건축물 조명, 수목조명, 수계조명, 보행 및 가로등, 환경조형물 조명, 쇼윈도 조명, 교량을 비롯한 도시구조물 조명, 기타 광고물 등의 조명으로 구분해 볼 수 있다.

건축물조명은 투광조명등을 설치하여 건축물 외부를 조명하는 방법과 건축물의 외부벽면에 부착된 조명등에 의해 조명되는 방법, 건물 내부의 빛을 이용한 조명 등을 들 수 있는데, 건물의 외벽 전체를 조명으로 장식하는 사례도 적지 않게 나타난다. 외벽 전체를 조명으로 장식하는 건물은 상업건축물이 대부분이며, 반사재료를 사용하여 업라이팅된 조명이 건물 전체에 반사되는 경우도 있다.

수목(樹木)조명 기법으로는 교목투광조명, 관목조명, 정원등에 의한 조명연출이 있다. 수목조명은 일반적으로 연색성이 높은 광원을 사용하는 것이 일반적이나 광원의 색상을 다르게 하여 야간에 환상적인 분위기를 연출하기도 한다. 특히 연말에는 교목이나 관목에 LED나 작은 전구를 빼곡하게 설치한 일류미네이션(illumination)이 가장 많이 사용된다.

수계(水系)조명의 경우 분수대 등에 조명이 함께 설치되어 조명, 음악, 분수가 일체로 연출되기도 한다. 수계조명은 분수(噴水)나 낙수(落水), 유수(流水) 등 다양한 물의 흐름에 따라 조명방식이 다르다.

보행 및 가로등은 보행자의 보행을 유도하는 조명과 보안, 안전의 의미의 조명을 들 수 있는데, 우리나라의 경우 기둥을 세워 조명등을 부착한 지주형 방식이 일반적이나 유럽 각국에서는 도로 폭에 따라 공중에 매단 형태의 펜던트(pendent)형 가로등, 건물벽에 부착한 부착형 가로등 방식 등 매우 다양하다.

환경조형물 조명은 조각장식물, 미술품 등에 업라이팅이나 일류미네이션을 투사하는 조명으로서 야간의 환경조형물에 색다른 분위기를 제공해 주며, 경우에 따라서는 환경조형물 내부에 광원을 삽입하여 그 자체가 발광체로서 만들어지는 경우도 있다.

이 밖에도 교량이나 타워 등 도시구조물 또한 그 규모와 위치 등에 따라 적절한 조명을 통하여 도시의 랜드마크가 될 수 있기 때문에 야간에 경관조명 대상으로 적극적으로 활용되며, 쇼윈도나 광고물 등 또한 야간에 경관조명 요소로서 적극적으로 활용되기도 한다.

이와 같이 도시의 야간조명은 대상에 따라 다양한 형태로 적용되어 도시의 미적 아름다움을 증진시키고 야간의 일상활동을 촉진하게 되는 것이다. 야간에 빛이 밝게 느껴지는 것은 그 주변이 어둡기 때문이듯이 야간의 경관조명이 아름답기 위해서는 그 주변의 조명과의 조화가 매우 중요하다. 따라서 다음 절에서는 옥외조명의 대상에 따라 적용된 외국의 실제사례들을 유형별로 살펴보고자 한다.

1

1-2-1

ARCHITECTURE LIGHTING

1-2-1_ 건축물조명

건물을 경관적 차원에서 보면, 시각적 전시를 위한 커다란 조각물의 관점과 함께 안전과 보호라는 심리적 의미도 함축되어 있으므로 이를 고려하여 조명계획을 수립한다.

개별 건축물 건립시 지역지구별 특성을 중심으로 야간 활동 및 보행량, 활동성격 등을 종합적으로 고려하여 각 가로별, 공간별 야간경관의 통일성과 아이덴티티를 부여할 수 있도록 야간조명계획을 수립한다.

옥외조명의 주요방식인 투광조명(flood lighting) 설치시 바람직한 장식적 효과를 고려하여 결정하되 주간시의 조형미도 고려하여야 한다.

오래되고 장식적인 외관을 가진 석조건축물의 조명은 오랜 세월이 경과하면서 석조 외벽에 형성된 세월의 흐름을 잘 드러내기 때문에 환상적인 분위기를 연출한다. 특히 유럽의 석조건축물들은 외관에 부착된 필라스터(Pilaster)나 조각물들로 야간의 도시경관을 매우 아름답게 만든다(사진 1, 2).

1 Colosseum, Rome(Roma), Italy
2 Water Tower(Wasserturm), Friedrichsplatz, Mannheim, Germany

2

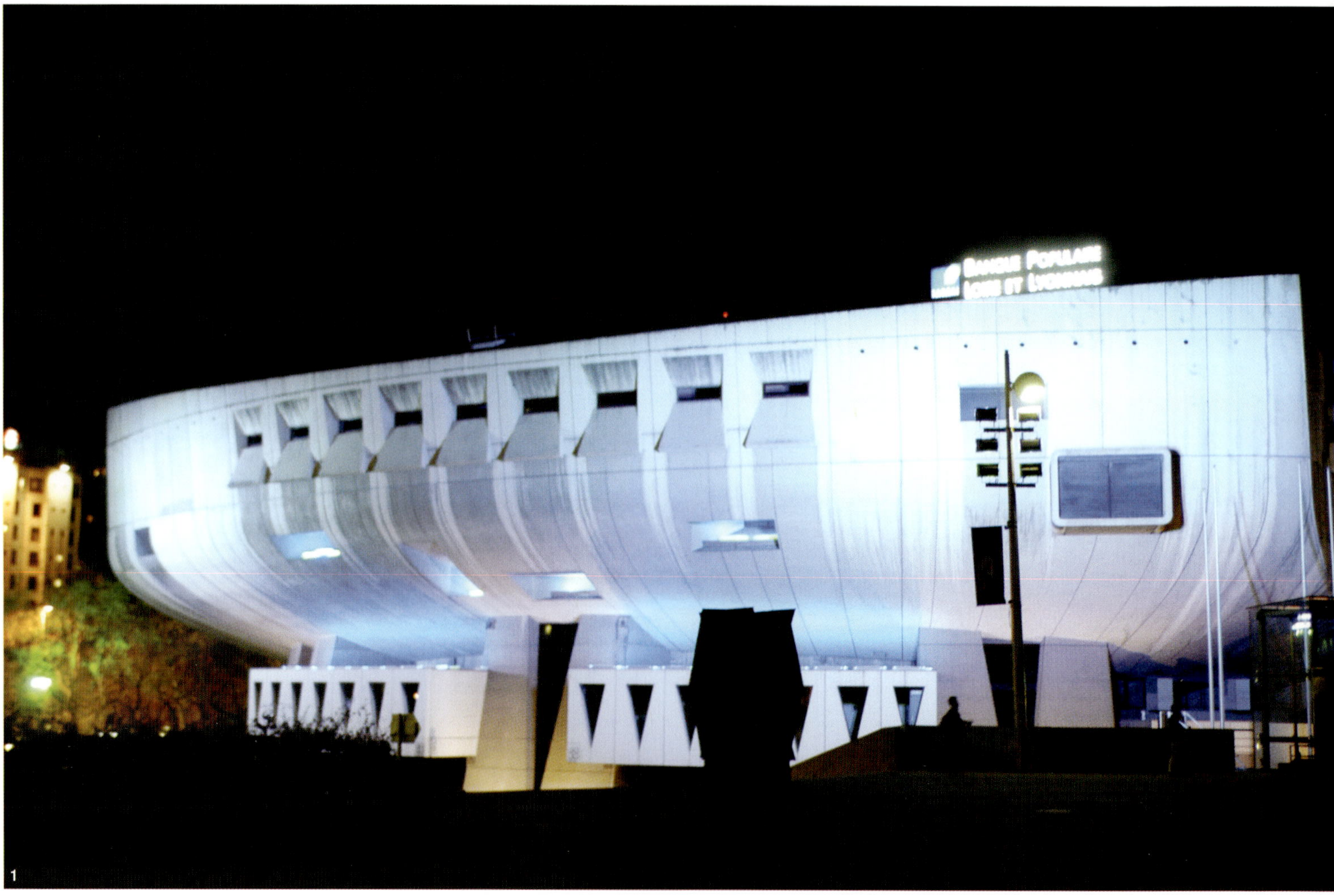

1

옥외건물조명은 건물외벽 마감재의 특성을 고려하여 조명방식이나 색상, 배치 등을 결정한다.

건축물 마감재의 질감이나 색채에 따른 광원의 선택은 백색계통의 마감색의 경우, 광원색을 보이게 할 수 있으므로 계절감이나 시간의 변화를 연출하는 것도 가능하다.

건물 외관에 반사율이 높은 재료를 사용하고 업라이팅을 하게 되면 높은 건물이라 하더라도 건축물 전체를 뚜렷하게 조명할 수 있으며 환상적인 분위기를 자아낸다(사진 3).

2

3

4

고전주의 양식의 Sándor Palace는 19세기 초에 건립되었으나 2차세계대전중 거의 파괴되었다가 복원되었는데, 한때는 수상관저였으나 지금은 대통령 집무실로 사용되고 있다(사진 2). 부다성(Buda Castle) 바로 옆에 위치해 있는 2층높이의 이 건물은 노란 색상의 광원으로 업라이팅을 통하여 건물전체를 조명하고 있는데, 매우 밝아 멀리서도 잘 조망된다.

1 Auditorium Maurice Ravel, Lyon, France
2 The Sándor Palace, Office of the President of the Republic of Hungary(Sándor palota, a Köztársasági Elnök rezidenciája), Budapest, Hungary
3 The Mirage Hotel(Architect : Joel Bergman, 1989), Las Vegas, USA
4 Flinders Street Station, Melbourne, Australia
5 Yebisu(恵比寿) Garden Place, Tokyo(東京), Japan(日本)

5

Maritim Hotel, Stuttgart, Germany

1

2

Jon Jerde가 설계한 City7 Shopping Mall과 Pullman Hotel, CECO(Changwon Exhibition Convention Center), Trade Center, City7 Xi officetel이 슈퍼블럭으로 개발된 이 복합용도개발지구는 창원의 상징적인 랜드마크로서 도시전체에서 조망된다.

1/4 City7 Shopping Mall, Changwon, Korea
2 Trade Center, Changwon, Korea
3/5 CECO(Changwon Exhibition Convention Center), Changwon, Korea

3

4

5

1

2

옥외건물 투광조명은 건물외부에서 비추는 경우, 폴(pole)식으로 하여 독립된 조명지지대를 설치하거나 식재대 또는 전용커버에 설치하도록 하고, 건물부착식의 경우는 조명장치가 직접 외부에 노출되지 않도록 한다. 고건축물의 경우, 미관적 측면과 설치상의 제한 때문에 보도의 바닥(ground)내에 매입하는 경우가 많다.

1 Grand theatre(Le Grand Théâtre), Bordeaux, France
2 Shenzhen Ping An Bank(深圳平安銀行), Waitan(外灘), Shanghai(上海), China(中國)
3 Place de la Bourse(Gironde), Bordeaux, France
4 Votivkirche, Rooseveltplatz, Vienna(Wien), Austria

3

Auf unsere Haltung kann man bauen.
WIENER STÄDTISCHE
Vienna Insurance Group
START

4

외벽 전체를 조명으로 장식하는 건물은 상업건축물이 대부분으로, 건물의 표면 내부를 이중표피 구조로 만들어 광원을 설치하는 경우도 있고 각 층의 코니스(cornice)나 발코니를 활용하여 설치하는 사례도 있다.

업라이팅이나 다운라이팅 기법이 아닌 건축물 외벽 전체에 매입된 조명은 그림의 화판처럼 다양한 색상과 무늬의 구성이 가능하므로 아름다운 야간경관을 연출할 수 있다.

1 The Printworks, Manchester, United Kingdom
2 Radisson SAS Hotel, Rome(Roma), Italy
3 Urbis(Manchester's Centre for Urban Culture), Cathedral Gardens, Manchester, United Kingdom
4 Kintetsu Nagoya Station home(近鉄名古屋駅ホーム), Pass'e(近鐵), Nagoya(名古屋), Japan(日本)
5 Lanchid 19 Hotel, Budapest, Hungary
6 Hotel Puerta de America, Madrid, Spain

4

5

6

1

2

3

건물 내부의 빛을 이용한 건축물조명은 존별로 전체 실내조명이 모두 점등되어야 효과가 있기 때문에 에너지 효율이나 관리상 문제가 있는 반면, 실내조명을 이용하여 건축물을 외관을 조명하기 때문에 적절히 제어된다면 효율적인 건축물조명방식이 될 수 있다.

1 Times Square Tower, Manhattan, New York, USA
2 BBC Scotland, Glasgow(Architect : David Chipperfield Architects(DCA), 2007), United Kingdom
3 Akasaka(赤坂), Tokyo(東京), Japan(日本)
4 21st Century Museum of Contemporary Art(金沢21世紀美術館) (Architects : Sejima and Nishizawa and Associates(SANAA), 2004), Kanazawa(金沢), Japan(日本)

4

1

1 National Assembly for Wales(architect : Richard Rogers, 2006), Cardiff, United Kingdom
2 More London Riverside, London, United Kingdom
3 Manchester Civil Justice Centre(Architect : Denton Corker Marshall, 2007), Spinningfields district, Manchester, United Kingdom

2

3

Awaji Westin Hotel, Awaji Island(淡路島, Awaji-shima), Japan(日本)

1/2 Awaji yumebutai(淡路 夢の舞台), Awaji Island(淡路島, Awaji-shima, architect : Ando Tadao(安藤忠雄), 2000), Japan(日本)
3/4 Music Building at the IJ(Muziekgebouw aan het IJ, archtect : 3XN Architects, 2005), Amsterdam, Netherlands

1

2

3

4

1-2-2

TREE LIGHTING

1-2-2_ 수목(樹木)조명

수목조명의 경우, 식물의 자연색을 그대로 재현하기 위해서는 연색성에 대한 고려가 필수적이며, 이러한 조경용 조명장치들은 주간시의 경관을 충분히 고려하여 선정한다.

가로수나 완충녹지의 조경용 조명계획을 수립하여 개별 건축물들의 조명계획과 연계시키는 것이 바람직하다.

교목 투광조명은 지중매입형과 지상설치형 두 가지 타입이 있는데 지중매입형의 경우 보도 등 주변에 조명기구를 차폐가능한 조경이 없을 때 설치하는 반면, 지상설치형의 경우는 가까운 주변에 차폐가능한 조경이 있을 때 융통성있게 설치한다.

투광조명은 작은 관목이나 지피식물을 조명하는데 부적합하므로 특수하게 디자인된 조명기구를 이용한다.

1 Suzhou Central Park(苏州中央公园), Suzhou(苏州), China(中國)
2 Westin Langkawi Resort & Spa, Langkawi, Malaysia

1

2

Under Düsseldorf Rheinkniebrücke, Rheinpromenade(riverwalk), Düsseldorf, Germany

1

2

3

4

야간에 교목은 어두운 하늘을 배경으로 실루엣으로 보이므로 광원을 아래에서 비추게 되면 드라마틱한 효과를 연출할 수 있다. 교목은 특정기간에 가설장치의 형태로 소형 백열전구나 LED 등을 이용하여 일류미네이션(Illumination)의 설치가 가능하다.

1 Johannes Rau Platz, Düsseldorf, Germany
2 World Trade Center Malmö, Malmö, Sweden
3 Namba(難波) Parks(shopping mall, architect : Jon Jerde), Osaka(大阪), Japan(日本)
4 Nikolaj Plads(Nikolaj kirke), Copenhagen(København), Denmark
5 Suzhou(苏州), China(中國)

5

Tate Modern, London, United Kingdom

TATE
Espresso Tea Hot Chocolate

1

2

3

4

5

6

7

광장이나 넓은 가로변에 교목을 열식(列植)하고 바닥매입조명을 통해 투광조명(flood lighting)을 하게 되면 수목조명을 통한 야간경관 향상에 도움이 될 뿐 아니라 휴식이나 자전거 정류장 등의 다양한 용도로 활용할 수 있다.

1/2 Hoshinoya(星のや), Karuizawa(軽井沢), Japan(日本)
3 ATC, Osaka(大阪), Japan(日本)
4 Akasaka(赤坂), Tokyo(東京), Japan(日本)
5 ZuoAn Business Street(左岸商业街), Suzhou(苏州), China(中國)
6 Tate Modern, London, United Kingdom
7 Amsterdam, Netherlands
8 Umeda(梅田), Osaka(大阪), Japan(日本)

8

1

관목이나 지피식물 조명은 상부에서 하부로 조명하는 방식과 관목이나 지피식물내에 매입되는 방식이 있다.

나뭇잎의 색깔이 짙은 녹색이나 푸른 색조일 때 수은전구나 녹색조의 형광전구를 사용하고, 황록색일 경우 나트륨등이나 백열전구를 사용하는 등 나뭇잎의 색깔에 따라 적절한 광원을 선택하여 강조한다.

1 Suzhou Central Park(苏州中央公园), Suzhou(苏州), China(中國)
2 Amaliehaven, Copenhagen(København), Denmark
3 ZuoAn Business Street(左岸商业街), Suzhou(苏州), China(中國)
4 Bilkpark, Düsseldorf, Germany
5 Nagaragawa Convention Center(長良川國際會議場, Architect : Ando Tadao(安藤忠雄), 1995), Gifu(岐阜), Japan(日本)

2

3

4

5

휴양리조트나 가로변 녹지, 옥상공원이나 포켓공원 등에 가드레일형, 지중매입형, 볼라드형 등 다양한 형태의 조명기구를 사용하여 장소에 맞는 분위기를 연출한다. 이 때 조명색상은 대상에 따라 여러 가지 색상을 사용할 수 있다.

1 Gold Coast, Australia
2 Around Herbis Osaka, Umeda(梅田), Osaka(大阪), Japan(日本)
3 Namba(難波) Parks(shopping mall, architect : Jon Jerde), Osaka(大阪), Japan(日本)
4 Daikanyama Address(代官山アドレス), Tokyo(東京), Japan(日本)
5/6/7 Esplanade, Singapore(新加坡)

4

6

5

6

1

2

3

공원이나 옥외 휴게공간에 설치된 파골라나 벤치, 담장 등에 대해서도 부착형이나 지중매입형, uplighting, 관목매입형 등의 조명기법을 적용하여 분위기있는 공간 연출이 가능하다.

1 Hoshinoya(星のや), Karuizawa(軽井沢), Japan(日本)
2 Mosaic, Kobe(神戸), Japan(日本)
3 Amaliehaven, Copenhagen(København), Denmark
4 Doña Casilda Iturrizar Park(El Parque de Doña Casilda Iturrizar), Bilbao, Spain
5/6/7 Westin Langkawi Resort & Spa, Langkawi, Malaysia

4

5

6

7

1-2-3

WATER LIGHTING

1-2-3_ 수계(水系)조명

수계조명은 수공간의 연출 방식에 따라 분수조명(噴水照明)과 유수조명(流水照明), 낙수조명(落水照明)의 세 가지 유형이 존재한다.

수계조명은 분수조명처럼 분수에 조명을 투사하는 경우가 일반적이지만 분수대에 조형물을 설치하거나 수계조명의 대상 자체가 조형물화되어 조명을 투사하는 사례, 음악분수처럼 음악에 따라 조명과 물의 높낮이가 다르게 연출되는 사례 등이 많다.

보다 복잡한 수계조경의 경우, 각각의 물줄기를 따라 다양한 색상의 조명을 연출하도록 고려한다.

Garden of Mirabell Palace(Mirabellgarten), Salzburg, Austria

1

2

3

분수기 아래에 투사각도가 좁은 방수형의 투과성 광원을 설치하여 물줄기를 따라 빛을 투과시키면 효과적이다. 특히 솟구치는 분수와 연계하여 조형물(시계탑, 환경조형물 등)을 설치할 경우, 예술적인 분위기의 분수 형태를 연출할 수 있다.

1 Place7 novembre(ساحة 7 نوفمبر), Tunis(تونس), Tunisia
2 Brà Square(Piazza Brà), Verona, Italy
3 Monument du 30eme anniversaire du Traite de Rome, Luxembourg
4 The man from Atlantis(Artist : Luk Van Soom), Brussels(Bruxelles), Belgium
5 Fountain of New Ministries(Fuente de los Nuevos Ministerios), Plaza de San Juan de la Cruz, Madrid, Spain

4

5

Doña Casilda Iturrizar Park(El Parque de Doña Casilda Iturrizar), Bilbao, Spain

1

2

아래에서 위로 솟구치는 분수는 야간에 빛을 투사할 경우, 물의 세밀한 흐름을 잘 보여줄 수 있으며 LED와 같은 다양한 색상연출이 가능한 조명을 투사함으로써 환상적인 분위기 연출이 가능하다.

1/2/4/5 Canal City Hakata(Architect : Jon Jerde, 1996), Fukuoka(福岡), Japan(日本)
3 Guggenheim Museum Bilbao(Architect : Frank Gehry, 1997), Bilbao, Spain
6/7 Congress Center Villach, Villach, Austria
8 State Bridge(Staatsbrücke), Salzburg, Austria

3

4

5

6

7

8

1

2

3

작은 구멍 사이로 분출되는 작은 높이의 분수를 설치하고 분수아래에서 노란 색상의 조명을 투사하면 마치 불꽃처럼 보인다(사진 1).

위에서 아래로 떨어지는 낙수에 투사되는 조명은 분수조명과 유사한 형태로 조성되기도 하나 분수조명보다 다양한 조형미를 보여줄 수 있으며 상부가 매우 부드러운 형태를 만들 수 있다.

1 More London Riverside, London, United Kingdom
2 Fontaine aux Lions, La Villette park(Parc de la Villette), Paris, France
3 Phuket, Thailand
4 Hisaya Odori Park(久屋大通公園), Nagoya(名古屋), Japan(日本)

4

흐르는 물 아래나 측면에서 투사되는 유수조명은 분수조명과는 달리 한 지점에서 이루어지는 것이 아니라 일정한 길이를 가진 구간별 조명의 특성을 지닌다.

1/2 Fountain of Wealth, Suntec City Mall(Architect : Tsao & McKown Architects, 1995), Singapore(新加坡)
3 Suzhou Central Park(苏州中央公园), Suzhou(苏州), China(中國)
4 Umeda Sky Building(Shin Umeda City, 新梅田), Osaka(大阪), Japan(日本)
5 Suzhou(苏州), China(中國)
6 Rochdale Canal(Palace Theatre), Manchester, United Kingdom

1

2

3

4

5

6

잔잔히 흐르는 물 위에 유등(游燈)을 띄워 놓은 듯한 조명은 어두워져 가는 산속의 분위기와 조화되어 사람들을 차분한 명상속으로 이끈다.

Hoshinoya(星のや), Karuizawa(軽井沢), Japan(日本)

1 Awaji Westin Hotel, Awaji Island(淡路島), Japan(日本)
2 Pocket Park under the Hanshin Expressway Ikeda Route, Front of Second Inn Umeda(Hotel), Osaka(大阪), Japan(日本)
3 Jürgen Ponto Platz, Frankfurt am Main, Germany
4 Place Louis Pradel(Opéra national de Lyon), Lyon, France
5 Cascade, Kuala Lumpur Convention Center, Kuala Lumpur, Malaysia

1

2

3

4

5

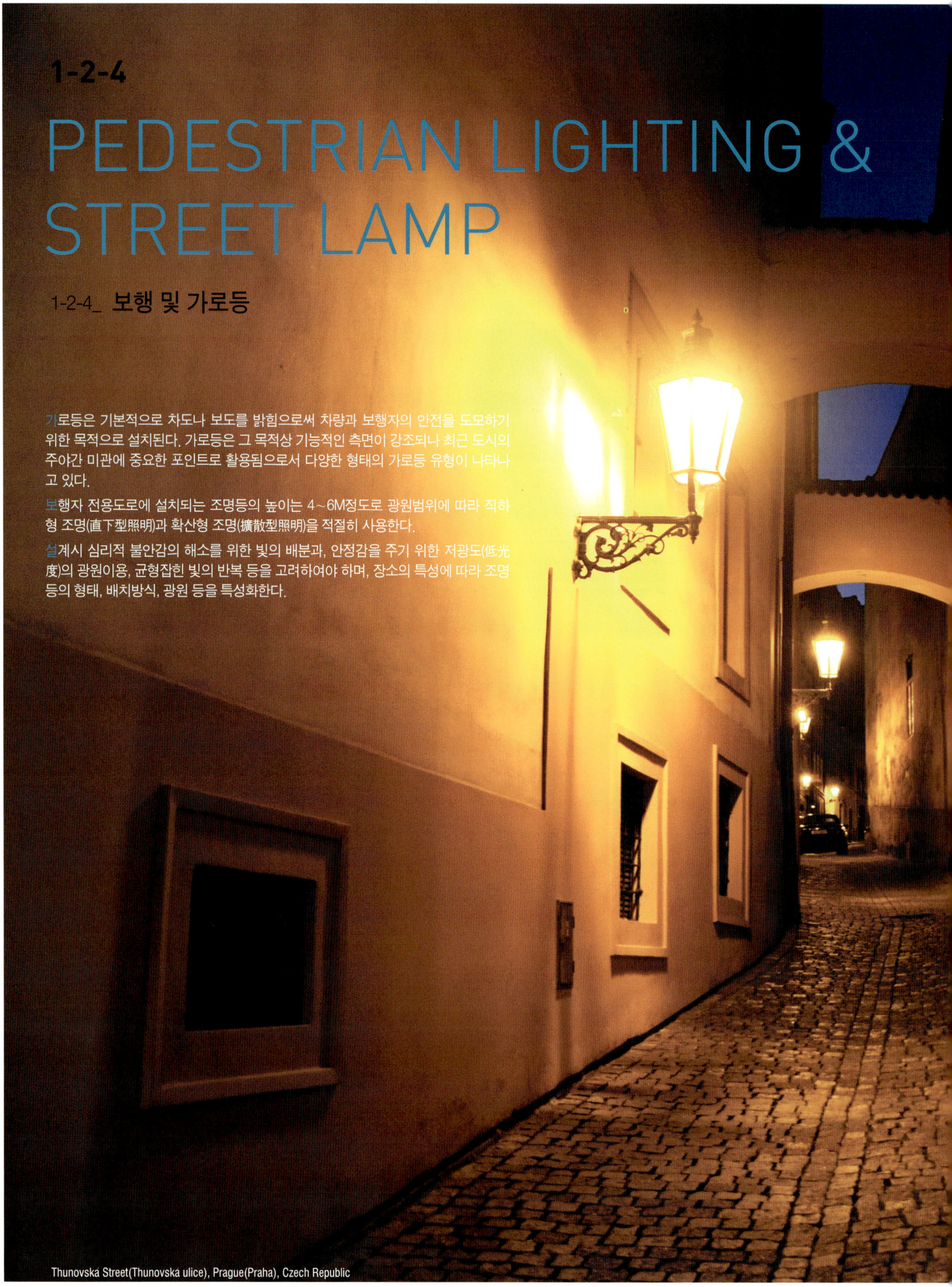

1-2-4

PEDESTRIAN LIGHTING & STREET LAMP

1-2-4_ 보행 및 가로등

가로등은 기본적으로 차도나 보도를 밝힘으로써 차량과 보행자의 안전을 도모하기 위한 목적으로 설치된다. 가로등은 그 목적상 기능적인 측면이 강조되나 최근 도시의 주야간 미관에 중요한 포인트로 활용됨으로서 다양한 형태의 가로등 유형이 나타나고 있다.

보행자 전용도로에 설치되는 조명등의 높이는 4~6M정도로 광원범위에 따라 직하형 조명(直下型照明)과 확산형 조명(擴散型照明)을 적절히 사용한다.

설계시 심리적 불안감의 해소를 위한 빛의 배분과, 안정감을 주기 위한 저광도(低光度)의 광원이용, 균형잡힌 빛의 반복 등을 고려하여야 하며, 장소의 특성에 따라 조명등의 형태, 배치방식, 광원 등을 특성화한다.

Thunovská Street(Thunovská ulice), Prague(Praha), Czech Republic

1

2

3

4

지주형(支柱形) 가로등은 가장 일반적인 형태로서 독립적인 기둥을 가로를 따라 일렬로 길게 세우고 각 기둥 위나 중간에 조명을 부착하는 방식이다. 설치가 자유롭기 때문에 장소에 구애받지 않으나 폭이 너무 좁은 도로나 보도에서는 설치하기가 어렵다.

1 Dresdener Bank, Willy Brandt Platz, Frankfurt am Main, Germany
2 Suzhou Central Park(苏州中央公园), Suzhou(苏州), China(中國)
3 Avenue Habib Bourguiba, Tunis(تونس), Tunisia
4 Entrance, Congress Center Villach, Villach, Austria
5 South Bank Parklands, Brisbane, Australia

5

1

우리나라의 가로등은 지주형 가로등이 일반적이나 외국에서는 좁은 보도나 보행자 전용몰 등 특별한 지역의 경우, 지주없이 건물에 가로등을 부착하여 건물조명과 가로조명을 겸하는 경우가 많다.

1 Zámecké schody(Castle Steps). Hradčany, Prague(Praha), Czech Republic
2 Golden Roof(Goldenes Dachl), Innsbruck, Austria
3 Anna cafe, Váci Street(Váci utca), Budapest, Hungary

2

3

유럽국가의 경우, 도로가 좁고 전차나 트램, 보도가 같이 지나고 있어 지주형 가로등을 설치하기 어려운 가로가 많기 때문에 마주보는 건물외벽에 줄을 연결하여 매단 형태의 펜던트형 가로등이 많이 설치된다.

폭이 넓은 도로의 경우, 펜던트형 가로등은 도로 중앙을 따라 설치되기 때문에 별도의 지주형 가로등이 복합적으로 설치되는 경우가 많다.

Franciscan Monastery Graz(Franziskanerkloster Graz)(viewpoint : Grazer Hauptbrücke), Graz, Austria

1

2

3

4

펜던트형 가로등은 가로의 공중에 줄을 매달아 설치하기 때문에 바람 등에 떨어지지 않도록 충분한 지지력을 가져야 할 뿐 아니라 도시미관을 해치지 않도록 지지하는 줄의 사이즈나 배열이 매우 중요하다.

1 Neutorgasse, Vienna(Wien), Austria
2 Herrengasse, Palais Niederosterreich, Vienna(Wien), Austria
3 Kampa Garden(Around Museum Kampa), Kampa Island, Prague(Praha), Czech Republic
4 Around Namba Hips, Osaka(大阪), Japan(日本)
5 Akasaka(赤坂), Tokyo(東京), Japan(日本)
6 Osaka(大阪), Japan(日本)

5

6

1

보행등은 보행의 목적으로 주로 이용되기 때문에 바닥면을 비추는데 집중되며, 보행의 안전을 도모하기 위한 지주형 보행등, 차량진입 방지와 야간시의 보행안전을 겸한 볼라드형 보행등, 바닥에 매입하여 보행방향을 유도하는 바닥매입형 보행등, 횡단보도용 안전보행등, 계단조명 등 매우 다양하다.

바닥에 매입된 조명은 눈부심을 유발할 수 있기 때문에 보행방향에 따라 휘도와 조도가 낮은 조명을 주의깊게 사용하여야 하며, 바닥면에 노출되므로 내구성이 높은 반투명의 바닥판이 일반적으로 사용된다.

1/2/3 Oasis21, Sakae area, Nagoya(名古屋), Japan(日本)
4 Tokyo International Forum(東京國際フォラム, Architect : Rafael Vinoly, 1996), Tokyo(東京), Japan(日本)
5 Under the London Bridge, London, United Kingdom
6 Neues Kranzler Eck(Shopping Center, Architect : Helmut Jahn and Murphy Jahn Architects, 2000), Charlottenburg, Berlin, Germany

2

3

4

5

6

1

2

3

보행등은 보행전용의 목적으로 사용되는 조명으로서 주로 눈높이 이하의 높이로 설치된다. 볼라드형 보행등은 보행전용도로의 진입방지(사진 3, 5)나 건물 등 보호(사진 1, 2)의 목적을 동시에 지니고 있는 경우가 많다.

보행등은 낮에는 환경조형물처럼 보이나 야간에 조명으로 활용되는 경우(사진 4)도 있다.

1 Aller huset(Aller Media A/S), Copenhagen(København), Denmark
2 Around Franciscan Monastery Graz(Franziskanerkloster Graz), Graz, Austria
3 Place Louis Pradel(Opéra national de Lyon), Lyon, France
4/5 Around Pavilion, Bukit Bintang Road, Kuala Lumpur, Malaysia

4

5

1

2

가로를 따라 길게 배치된 벤치나 보행용 램프, 단차(段差)가 나는 곳, 육교 등에는 안전과 방향유도의 목적을 동시에 지니는 선형(線形)의 보행등이 눈에 보이지 않게 매입되는 사례가 많다. 이와 같은 선형의 보행등은 적절히 계획될 경우, 안전의 목적을 지니고 있으면서도 도시의 야간경관을 향상시킬 수 있다.

1 Neues Kranzler Eck(Shopping Center, Architect : Helmut Jahn and Murphy Jahn Architects, 2000), Charlottenburg, Berlin, Germany
2 Namba(難波) Parks(shopping mall, architect : Jon Jerde), Osaka(大阪), Japan(日本)
3 Guggenheim Museum Bilbao(Architect : Frank Gehry, 1997), Bilbao, Spain
4 Radisson SAS Hotel, Rome(Roma), Italy
5 Stadtsparkasse München(Munich City Savings Bank), Sparkassenstraße, Munich(München), Germany
6 Amphitheatre Esplande. Singapore(新加坡)
7 Drau river Waterfront, Villach, Austria

3

4

5

6

7

1

2

3

4

5

6

7

계단에 설치되는 조명은 발을 헛딛지 않도록 하는 안전의 목적이 강하다. 따라서 계단등은 계단의 단차(段差)를 잘 구별할 수 있도록 바닥 가까이 매입된다. 이 경우에도 적절한 조명계획이 이루어질 경우, 야간경관조명으로의 활용이 가능하다.

광장이나 보도에서 멀리 떨어진 건물의 진입로는 보행방향을 유도하고 안전을 도모하기 위해 바닥에 조명을 일렬로 매입하는 경우가 있다. 이는 공항에서 야간에 비행기의 착륙을 유도하는 유도등과 같은 형태이다.

횡단보도는 차량과 보행자가 교차하는 지점으로 사고의 우려가 크고, 야간에는 횡단보도가 잘 식별되지 않기 때문에 횡단보도에 볼라드형 조명이나 바닥매입등을 설치하면 식별과 안전을 향상시킬 수 있다.

1 Mur river, Front of Franciscan Monastery Graz(Franziskanerkloster Graz), Graz, Austria
2 Guggenheim Museum Bilbao(Architect : Frank Gehry, 1997), Bilbao, Spain
3 EXPO 2005 AICHI, Aichi Prefecture(愛知県, Aichi-ken), Japan(日本)
4 Neumünster Abbey, Luxembourg
5 Salzburg, Austria
6 Amsterdam, Netherlands
7 Lyon, France
8 Strasbourg, France
9 Zürich, Switzerland

8

9

1-2-5

ENVIRONMENTAL SCULPTURE LIGHTING

1-2-5_ 환경조형물 조명

환경조형물 조명은 예술품에 조명을 비춤으로써 야간의 인지성을 높이는 동시에 시각적인 아름다움을 연출하기 위한 목적으로 이용된다.

환경조형물은 도시가로나 광장, 건물앞 등에 설치되는 경우가 일반적으로, 조명을 투사함으로써 야간의 도시미관을 향상시킬 수 있다.

환경조형물 조명은 그 자체가 발광체로서 조형성을 가지는 경우도 있는데, 이 경우 주간과 야간의 분위기는 다르게 연출가능하다.

Around Osaka Hilton Plaza West, Umeda(梅田), Osaka(大阪), Japan(日本)

1

2

환경조형물 조명은 조각물이나 상징조형물, 옥외미술품 등에 업라이팅이나 일류미네이션으로 장식하는 조명이다.

1/2/3/4 Around Herbis Osaka(HERBIS ENT Tower), Umeda(梅田), Osaka(大阪), Japan(日本)
5 Lucent Tower(Architect : Nikken Sekkei, 2007), Nagoya(名古屋), Japan(日本)

3

4

5

'Saw Sawing'(Sculptor : Claes Oldenburg & Coosje van Bruggen, 1995), Big Sight, Odaiba(お台場 國際展示場), Tokyo(東京), Japan(日本)

東京ビッグサイト
Tokyo Big Sight
TAXI

대부분의 환경조형물은 업라이팅으로 조명하는 것이 일반적이다. Pero's Bridge는 브리스톨에서 살았고 또한 브리스톨에서 죽었던 Pero Jones라는 노예를 기리기 위하여 건설된 것으로, 보행전용다리 위에 마치 나팔모양의 조형물들에 업라이팅하여 멀리서도 뚜렷하게 볼 수 있도록 하고 있다(사진 2).

Chalice는 새로운 밀레니엄 시대와 크라이스트처치 건설 150주년을 기념하기 위하여 만든 것으로, 공식적인 점등행사는 2001년 개최되었으며, 조명은 콘(cone)의 기단부 내부에서 조형물 외관을 투광(floodlighting)한다(사진 3).

1 Slow Motion(Sculptor : Nigel Hall, steel, 2001), Friedrichsplatz, Around of Kunsthalle(architect : Hermann Billing, 1907), Mannheim, Germany
2 Pero's Bridge, St Augustine's Reach, Bristol, United Kingdom
3 Chalice(Sculptor : Neil Dawson, steel and aluminium sheet, 2001), Cathedral Square, Christchurch, New Zealand
4 Daikanyama Address(代官山アドレス), Tokyo(東京), Japan(日本)

Invasion of Kampa Penguins, Vltava(Moldau) river, Kampa Museum, Prague(Praha), Czech Republic

1

조형물 자체가 발광체인 경우로서, 조형물 외부에서 빛을 투사하는 것보다 시각적인 명료성은 훨씬 더 뚜렷하고 강한 색상을 만들 수 있다. 발광조형물은 낮에 보이는 형태가 매우 중요하므로 그 자체로서 조형적인 느낌이 나도록 계획한다.

1 Amphitheatre Esplande. Singapore(新加坡)
2 ZuoAn Business Street(左岸商业街), Suzhou(苏州), China(中國)
3 Chicago, USA
4 Salzburg, Austria
5 Around Congress Center Villach, Villach, Austria
6 Graf Adolf Platz, Düsseldorf, Germany
7 Sparkasse Tyrol Passage, Innsbruck, Austria

2

3

4

5

6

7

1

2

3

4

나무를 보호하기 위한 식수대(植樹帶)를 겸용하는 벤치(사진 1, 2, 3)나 일반적인 벤치 하부(사진 5, 7), 환경조형물처럼 보이는 유리블럭의 벤치(사진 4) 등에 조명등을 매입하여 야간의 보행자를 보호하고 야간경관을 향상시킬 수 있다.

1 Entrance, Suzhou Central Park(苏州中央公园), Suzhou(苏州), China(中國)
2 Pocket Park under the Hanshin Expressway Ikeda Route, Front of Second Inn Umeda(Hotel), Osaka(大阪), Japan(日本)
3 Oasis21, Sakae area, Nagoya(名古屋), Japan(日本)
4 Daikanyama Address(代官山アドレス), Tokyo(東京), Japan(日本)
5 Manchester Civil Justice Centre(Architect : Denton Corker Marshall, 2007), Spinningfields district, Manchester, United Kingdom
6 Forum(Architect : Herzog De Meuron), Barcelona, Spain
7 Around Turning Torso, Malmö, Sweden

5

6

7

1

2

가로시설물을 환경조형물처럼 활용하는 사례는 도시문화공간의 확대라는 측면에서 바람직하다. 광장이나 가로에 필요한 벤치나 조명을 환경조형물이라는 관점에서 계획하고 이를 야간에 조명과 조합하게 되면 매우 아름다운 야간경관을 연출할 수 있다.

역사적 조형물들은 오래 전부터 그 자리에 위치해 있어 장소성을 가지고 있는 경우가 대부분으로 도시민들에게 친숙한 이미지를 가지고 있다. 따라서 역사적 조형물의 야간조명은 도시 정체성을 나타내는 대표적인 상징물로서 안정감과 방향성을 제공하는데 중요한 역할을 한다.(사진 5, 6, 7)

1 World Trade Center Malmö, Malmö, Sweden
2 Hovrätt Building(Court of Appeal Building), Citadellsvägen, Malmö, Sweden
3 Lucent Tower(Architect : Nikken Sekkei, 2007), Nagoya(名古屋), Japan(日本)
4 Backbone(Sculpture), Millennium Square, Bristol, United Kingdom
5 Lindunlu(Lindun Road, 临顿路), Suzhou(苏州), China(中國)
6 Schöner Brunnen(Beautiful fountain), Hauptmarkt, Nuremberg(Nürnberg), Germany
7 Place Louis Pradel(Opéra national de Lyon), Lyon, France

3

4

5

6

7

1-2-6

SHOW WINDOW LIGHTING

1-2-6_ 쇼윈도 조명

쇼윈도 조명은 상품의 판매를 위해 상업적으로 만든 공간이나 야간의 가로경관 측면에서 매우 중요한 역할을 하므로 이를 적극적으로 활용할 필요가 있다. 이 때문에 많은 도시들에서는 가로변 쇼윈도 조명을 판매시간이 지난 이후에도 일정시간 이상 켜 두도록 의무화하고 있는데, 이는 야간경관 향상에 크게 도움이 된다.

쇼윈도(show window, store window라고도 함)는 상업시설안의 상품들과 보행자간의 연결고리 역할을 하는 곳으로서, 제품광고 효과가 가장 뛰어난 곳이다. 따라서 쇼윈도의 조명과 디스플레이는 지나가는 보행자들의 시선을 최대한 끌 수 있도록 밝고 개성있는 디자인의 창출이 필요하다.

쇼윈도 조명방식에는 전체조명, 측면조명(side lighting), 집중조명(spot lighting), 배경조명(background lighting), 바닥조명(foot lighting), 보조조명(supplementary lighting) 등이 있다.

1 Oxford Street, London, United Kingdom
2 Østergade, Copenhagen(København), Denmark

1

2

1

2

3

쇼윈도는 상품 또는 서비스의 성격에 따라 쇼윈도, 마네킹, 조명, 일러스트레이션 등 다양한 아이템들을 활용하는 '디스플레이(display)'가 매우 중요하다.

1/4 Oxford Street, London, United Kingdom
2 Via Mazzini, Verona, Italy
3 Herrengasse 1010 Wien, Palais Niederosterreich, Vienna(Wien), Austria

4

상점의 입면 전체가 그림의 캔버스처럼 활용되어 상점 앞에 있는 가로수와 보행자들이 실루엣으로 나타나면서 멀리서 보면 한 폭의 그림같은 분위기를 연출한다.

Midland Square, Nagoya(名古屋), Japan(日本)

Dior
Dior

1

2

3

4

5

쇼윈도 조명은 상점 앞의 사인과 연계되어 디스플레이되면 효과적이다. 쇼윈도 디스플레이 영역을 건물 전체 입면으로 확대하여 건물외관과 사인, 쇼윈도 디스플레이를 통합하는 사례가 증가하고 있다.

1 Tokyo(東京), Japan(日本)
2 Berlin, Germany
3 Oxford Street, London, United Kingdom
4/5 Østergade, Copenhagen(København), Denmark
6 Midland Square, Nagoya(名古屋), Japan(日本)

6

Palermo, Italy

goldenpoint
Pigiami
da €19.90

1

쇼윈도는 거리에서 보았을 때 배경(background)이 막힌 것과 열린 것, 1층높이 이내에만 있는 것과 2층 이상의 높이로 확대된 것 등이 있다. 배경이 막힌 경우에는 독립된 공간으로 존재하므로 상품의 특성을 잘 보여주는 디스플레이가 중요한 반면, 배경이 열린 경우에는 내부공간 디자인과 연계되어 디자인되어야 한다.

1 Omotesando(表参道), Shibuya(渋谷), Tokyo(東京), Japan(日本)
2/3 Daikanyama Address(代官山アドレス), Tokyo(東京), Japan(日本)
4/6/7 Neuer Wall, Hamburg, Germany
5 Karl Johans gate, Lille Grensen, Oslo, Norway

2

3

4

5

6

7

1

1-2-7

BRIDGE & ETC. LIGHTING

1-2-7_ 교량 및 기타 조명

교량과 타워는 도시적 스케일의 대표적인 도시구조물로서 스케일이 크고 멀리서도 잘 조망되기 때문에 야간에 경관조명을 하게 되면 도시의 상징적인 초점이 될 수 있다.

교량이나 타워 등과 같이 스케일이 매우 큰 도시구조물은 한 가지 조명기법만으로 전체를 연출하는데 한계가 있기 때문에 여러 가지 조명기구와 조명기법을 사용하여 연출한다. 이럴 경우에도 경관조명의 대상이 하나이기 때문에 전체적으로 조화될 수 있도록 하는 것이 매우 중요하다.

1 Gateshead Millenium Bridge(viewpoint : Tyne Bridge, Architect : Wilkinson Eyre, Structural Engineers : Gifford, 2001), Newcastle, United Kingdom
2 Clyde Arc(Squinty Bridge)(viewpoint : Lancefield Quay, Design : Halcrow Group, 2006), Glasgow, United Kingdom
3/5 Gateshead Millenium Bridge, Newcastle, United Kingdom
4/6 Clyde Arc(Squinty Bridge), Glasgow, United Kingdom

2

3

4

5

6

Erasmus Bridge(Design : Ben van Berkel, 1996), Rotterdam, Netherlands

1

2

세계적으로 유명한 교량일수록 그 경관조명은 아름답다. 디자인적으로 독특한 형태의 다리를 건설하고 경관조명과 함께 워터프론트(waterfront)를 조성한 지역은 많은 사람들이 모이며, 시간의 흐름과 함께 명소가 되는 것이다.

1 Sydney Harbour Bridge(Design : Dorman Long and Co Ltd., 1932), Sydney, Australia
2 Sai Wan Bridge(西湾大桥, West Bay Bridge), Macau(澳門), China(中國)
3 South Portland Street Suspension Bridge(Engineer : George Martin, 1853), Glasgow, United Kingdom
4 Tyne Bridge, Swing Bridge, High Level Bridge, Newcastle, United Kingdom
5 George The Fifth Bridge(Engineer : Considere Construction Ltd., 1928), Glasgow, United Kingdom

4

3

5

1

2

석조(石造)로 된 다리는 다리 자체의 재료적 특성 때문에 야간에 경관조명이 이루어질 경우 도시를 상징하는 조형물처럼 활용될 수 있다.

Strasbourg의 Petite France 지구에 위치해 있는 Barrage Vauban은 강 양안을 연결하기 때문에 Vauban Passage 또는 Pont Vauban(Vauban Bridge)이라고도 불리는데, 다리이면서도 건물처럼 보이기 때문에 조명을 통하여 물 위에 떠 있는 건물처럼 환상적인 분위기를 연출한다(사진 1).

아치형 다리인 Adolphe Bridge는 Luxembourg의 주요 관광명소중 하나로서, 비공식적이긴 하지만 Luxembourg 독립의 상징물이 되고 있다. 이 다리는 1890년부터 1905년까지 Luxembourg를 통치했던 Adolphe공작(Grand Duke Adolphe)의 이름을 따서 명명되었으며, 다리 아래에서 위로 비추는 업라이팅 조명은 계곡에 위치한 구도심과 어울려 매우 고풍스런 야간경관을 보여준다(사진 2).

Queens Bridge는 Belfast에 있는 여덟 개의 다리중 하나로 1849년에 준공되었다. Queens Bridge의 좌측에 있는 조형물 Beacon of Hope는 Andy Scott의 작품(2006)으로 Stainless steel과 Cast bronze로 만든 것이다(사진 5).

1 Barrage Vauban, district of Petite France, Strasbourg, France
2 Adolphe Bridge(Adolphe Bréck)(Design : Paul Séjourné and Paul Rodange, 1903), Luxembourg
3 Fleischbrücke, Nuremberg(Nürnberg), Germany
4 Rialto Bridge(Ponte di Rialto), Venice(Venezia), Italy
5 Queens Bridge(1849), Belfast, United Kingdom

7 for all mankind
WAY
Subway
oneworld
Van Wagner
CHAMPS
C
H
A
M
P
S
sprint
Yes you can
1

DISCOVER
Budweiser
Panasonic
YAHOO!
ERNST & YOUNG
I AM AIM
I AM TEXT MESSAGING
otels.com
PHILADELPHIA
2

ERNST & YOUNG
Subway
CHAMPS
WAY
3

4

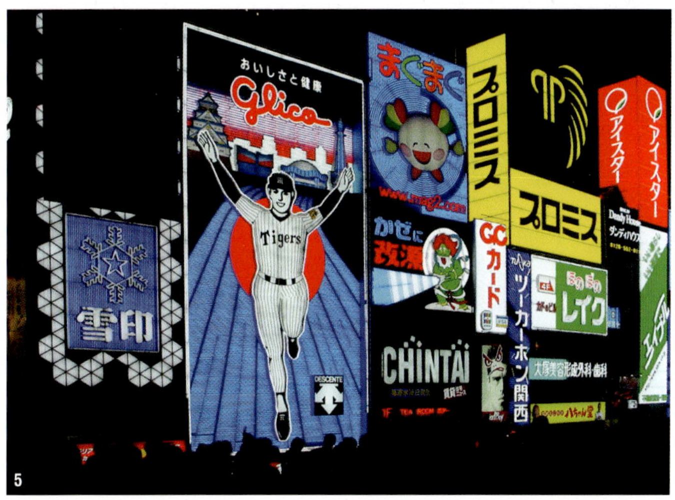

5

6

뉴욕 타임스퀘어는 영화 등을 통해 뉴욕의 상징일뿐 아니라 미국 전체를 상징하는 광장으로 자리잡고 있는데, 이 때문에 세계적인 다국적 기업들의 광고가 치열하게 전개되는 곳이기도 하다. 야간에는 타임스퀘어 광장을 중심으로 설치된 수많은 광고판의 광고조명 때문에 자본주의의 메카처럼 보인다(사진 1~3).

오사카 도톤보리강 앞에 있는 광고조명은 매우 잘 알려진 조명으로서, 그 중에서도 Glico 광고판의 한 인물(Glicoman)은 오사카의 랜드마크가 되고 있다. 건물 전체면을 광고판으로 뒤덮은 사례는 일본에서는 많지 않은데, 특히 광고판중의 한 인물이 도시의 랜드마크가 되는 경우는 거의 없다. Glico 광고판은 1935년에 처음 설치되었으며, 푸른 색 트랙 위를 뛰고 있는 거대한 네온사인의 운동선수는 Glico candy의 상징이다. 이 광고판은 월드컵과 같은 특정 이벤트를 축하하거나 오사카 프로야구팀인 한신 타이거즈를 지지하는 경우 등으로 몇 번 변경되었다(사진 4, 5).

1/2/3 Times Square, Manhattan, New York, USA
4/5/6 Dotonborigawa(道頓堀川), Osaka(大阪), Japan(日本)

Kärntner Straße, Vienna(Wien), Austria

FALKE
ffl und
erstrasse 5
LOOS
AMERICAN
BAR
1908
IMPLANT
VÖSLAUER
ALMAZ
PIZZERIA
ORANTE
/ 1.Stock

GERRY WEBER

PART_2
NIGHT LANDSCAPE_CITIES

제2장_ 도시별 야간경관

NIGHT LANDSCAPE_CITIES

최초의 도로조명은 프랑스의 루이 14세 시대부터 시작되었는데, 당시 루이14세는 명령을 내려 오후 9시 이후부터 밤새도록 큰길에 면한 창의 등을 켜도록 하였다. 본격적인 가로조명은 1667년에 파리의 도로 위를 가로지르는 형태로서, 쳐져 있는 그물에 매달린 양초의 빛, 랜턴의 설치에서부터 시작되었다(주진용, 경관조명설계에 관한 연구, 순천대학교 석사논문, 2000, pp. 23~25). 그 후 파리에서는 1980년에 프랑스 혁명 200주년을 기념하여 실시된 파리재개발사업에 맞추어 경관조명 실시하였다. 그 당시 주제는 세느강변의 경관 조명으로써 에펠탑, 노틀담사원, 개선문, 샹젤리제 거리 등 세느강 좌우에 있는 22개 건축물이 대상이었다.

이에 비해 런던의 도시조명은 1930년대부터 시작되었다. 모뉴먼트, 궁전 및 역사적 건축물을 조명하는 것은 파리와 같지만 박물관, 도서관과 같은 시민과 친근한 곳에 야간경관조명을 실시하여 거리를 밝게 한 것은 런던 도시조명의 특색이라 할 수 있다.

미국의 야간경관조명은 기본적으로 유럽 경관조명의 개념을 계승하고 있지만 두 가지 커다란 특징이 있다. 첫째는 건축물의 조명이 내부뿐만 아니라 외부 도시공간과도 관련성이 있는 것으로, 예를 들어 큰 거리에 접한 오피스 빌딩이나 은행 등에서 1층 로비의 조명을 심야까지 켜두는 사례가 많이 나타난다는 점이다. 둘째는 최근 들어 조명이 범죄예방에 있어서 큰 효과가 있다는 사실을 적극적으로 활용하기 시작하였다는 것이다. 미국의 대도시에서는 범죄의 발생률이 아주 높아 시민의 안전을 위한 도시조명, 특히 도로조명을 밝게 해 달라는 시민들의 요청이 무척 높게 나타나고 있다.

일본의 도시조명은 1980년대 중반부터 활발한 움직임을 보이고 있으며, 많은 지방자치단체가 도시조명을 재인식하고 적극적으로 도입하고 있는데, 삿포로, 요코하마, 도쿄 등의 많은 도시들은 도시전체의 마스터플랜을 가지고 장기적인 관점에서 경관조명을 시행하고 있으며, 특히 계절별로 다양한 경관조명을 도입하여 관광자원으로 적극 활용하고 있다.

중국은 개혁개방이후, 해안지역을 중심으로 도시가 발전하면서 화려함을 좋아하는 중국인들의 특성에 맞게 도시에 야간조명이 적극적으로 도입되었다. 중국 대도시의 야간경관조명은 지나칠 정도로 밝고 화려하여 도시전체로 보면 통일성과 조화로움이 부족한 결과를 초래하고 있다. 이는 아직까지 도시경관조명의 역사가 짧아 야간조명의 세심함과 절제가 부족하기 때문으로 판단되며, 이는 앞으로 중국이 발전하면서 어느 정도 해소될 것이다. 하지만 야간경관조명에 대한 중국의 대응은 이제 막 경관조명에 눈뜨기 시작한 우리나라보다는 훨씬 앞서 나가고 있는 것처럼 보인다.

이상에서 보듯이 일본, 유럽, 미국뿐만 아니라 중국까지도 민간부문과 더불어 중앙 및 지방정부 차원에서 도시의 야간경관조명을 경관적, 심미적 차원에서 정책적으로 다루고 있으며 이는 도시미관형성에 크게 기여하고 있다.

우리나라에서 경관조명이란 용어가 사용된 것은 그리 오래 되지 않았다. 경관조명에 대한 관심은 야간활동 인구의 증가, 활동 시간대의 증가에 따라 산업활동의 질적 증가와 소비산업 부문에서의 양적팽창의 결과로 나타났다.

지금까지 야간경관조명을 돈 많은 사람의 예술적 취향 정도로 치부해 온 사회적 인식 때문에 도시의 품격을 높이기 위한 목적으로 활용하려는 노력이 부족하였고, 이 때문에 공공부분에서는 가로등이나 보안등의 설치를 확대하고 기존의 조도를 향상시켜 거리를 밝게 유지하는 것을 목표로 추진해 왔을 뿐 특별한 야경의 개선을 위한 조치는 없었다. 다만 민간부분에서 유흥가를 중심으로 한 네온사인 등 간판들이 야간의 분위기를 주도해 나갔을 정도이다.

그러나 이들 요소는 처음부터 무계획적 상태에서 이루어진 것으로 특징이 없었다. 경관조명이라 이름 붙일 수준이 되기까지는 상당한 시행착오 과정을 겪었는데, 1981년 9월, 88 서울올림픽 개최의 결정과, 같은 해 11월, 86아시아 경기대회의 결정, 그리고 이듬해인 1982년 1월 5일 야간통행금지의 해제결정은 야간환경의 개선에 관심을 갖기 시작한 계기가 되었다. 그러나 당시의 야간경관조명의 설치는 체계적이고 계획적인 것이 아니라, 다만 치안 차원에서 다루어진 것이 대부분이었다(주진용, 경관조명설계에 관한 연구, 순천대학교 석사논문, 2000, pp. 23~25). 아시안 게임과 올림픽을 유치하면서 국제적인 도시로의 위상제고를 의식하여 몇몇 건축물들이 자발적인 경관조명시설을 설치하기 시작했지만 그리 주목을 받지는 못했다.

도시미관의 관점에서 경관조명 사업이 본격적으로 이루어지기 시작한 것은 2000년대 이후 최근의 일로서, 아직까지 관공서 주도의 경관조명이 이루어지면서 야간활동의 증대와 야간경관의 자원화를 통한 도시경쟁력의 증대와 경제의 활성화라는 목적보다 시민들에게 보여주기 위한 전시성 사업이 적지 않다. 이 때문에 많은 시민들은 야간경관 조명사업을 도시의 쾌적성 증대와 삶의 질 향상이라는 측면보다는 전시성 사업으로 보고 있다.

야간경관이란 한마디로 건물이나 공공시설물에 조명을 통해 낮에 보는 것과는 또 다르게 연출되는 도시의 독특한 특징과 분위기를 말한다. 도시의 야간경관에 주목해야 하는 이유는 비교적 적은 비용으로 도시의 브랜드 향상에 크게 도움이 될 뿐 아니라 야간활동을 증대시켜 도시의 경제 활성화에도 도움이 되기 때문이다.

이를 위해서는 단순히 야간의 도시미관을 향상시킨다는 측면 뿐 아니라 경제적 관점에서 야간경관 조명사업을 신중하게 접근할 필요가 있으며, 도시전체의 야간경관에 대한 장기적인 마스터플랜이 수립되어야 한다. 유럽도시들은 1, 2차 세계대전 이후의 폐허 위에서 옛 거리를 그대로 복원하는 지혜를 통하여 도시를 그 자체로서 매우 아름답고 쾌적한 공간으로 만드는데 성공하였기 때문에 특별한 야간경관 마스터플랜이 없어도 역사적인 전통의 아름다운 야경을 가지고 있으나 우리나라의 경우, 과거의 역사적 흔적들은 대부분 없어지고 현대화라는 미명하게 지극히 상업적이고 무미건조한 도시환경이 되어 버렸기 때문에 야간경관조성을 통한 도시미관의 향상과 삶의 질 증대를 위해서는 장기적인 목표를 가지고 매우 신중하게 접근하는 것이 바람직 하다.

이 장에서는 외국의 야간경관을 도시별로 분류하여 우리나라 도시들이 지향해야 할 야간경관의 모범적 사례들을 살펴보고자 한다. 사례도시들은 100여개의 답사 도시 중에서 야간경관의 도시적 개성을 뚜렷하게 보여주는 도시들을 선정하되, 도시 전체의 야경을 골고루 보여주기보다는 그 도시의 대표적인 야간경관 조명 대상들에 집중하였다.

제2장_ 도시별 야간경관

2-1 유럽편

영국 런던 · LONDON, UNITED KINGDOM
스페인 바르셀로나 · BARCELONA, SPAIN
스페인 발렌시아 · VALENCIA, SPAIN
스페인 빌바오 · BILBAO, SPAIN
헝가리 부다페스트 · BUDAPEST, HUNGARY
체코 프라하 · PRAGUE(PRAHA), CZECH REPUBLIC
이탈리아 베니스(베네치아) · VENICE(VENEZIA), ITALY
오스트리아 그라츠 · GRAZ, AUSTRIA
오스트리아 필라흐 · VILLACH, AUSTRIA
룩셈부르크 · LUXEMBOURG CITY, GRAND DUCHY OF LUXEMBOURG
독일 뒤셀도르프 · DÜSSELDORF, GERMANY
스웨덴 말뫼 · MALMÖ, SWEDEN
덴마크 코펜하겐 · COPENHAGEN, DENMARK

2-1-1

LONDON, UNITED KINGDOM

2-1-1_ 영국 런던

런던은 영국의 수도이자 잉글랜드의 수도로서, 인구는 유럽 내에서 가장 많은 750만여명(2007년)이며, 메트로(Metropolitan) 지역까지 포함하면 1,300여만명 내외이다. 런던도심은 대부분 중세시대의 영역인 구(舊)런던시로서, 19세기 이후부터 런던은 옛 지역을 중심으로 주변 개발지역을 모두 포함하는 메트로폴리스를 의미한다.

런던은 예술, 상업, 교육, 패션, 의료, 미디어, 관광 등 다방면에서 강점을 가지는 국제도시로서, 뉴욕과 함께 국제금융의 중심지이며, 유럽의 500대 기업중 100개 이상의 기업본사가 있다.

런던의 도시건축은 특정한 양식으로 정의할 수 없을 만큼 다양하며, 최근에 도시 브랜드 강화의 한 방편으로 고층건축물들이 도심지역에 재개발되고 있다. 1980년대에 이미 Tower 42, Lloyd' s building이 지어졌으며, 2004년에 런던의 새로운 랜드마크가 되고 있는 Gherkin Building 등이 건립되었다. 세인트폴 대성당(St. Paul' s Cathedral)을 중심으로 런던도심 지역의 개발이 엄격히 제한되어 있으나 72층의 Shard of Glass를 포함하여 많은 초고층 건축물이 건립될 계획으로 있다.

런던은 템즈강을 중심으로 형성된 도시로서, 이 때문에 특히 강을 중심으로 하는 수변지역의 야간경관이 매우 아름답다.

1 St. Paul's Cathedral and Millennium Bridge, London, United Kingdom 3 4 1
2 Tower 42, Gherkin Building(30 St Mary Axe or Swiss Re Building)(viewpoint : Millennium Bridge), London, United Kingdom 8 2

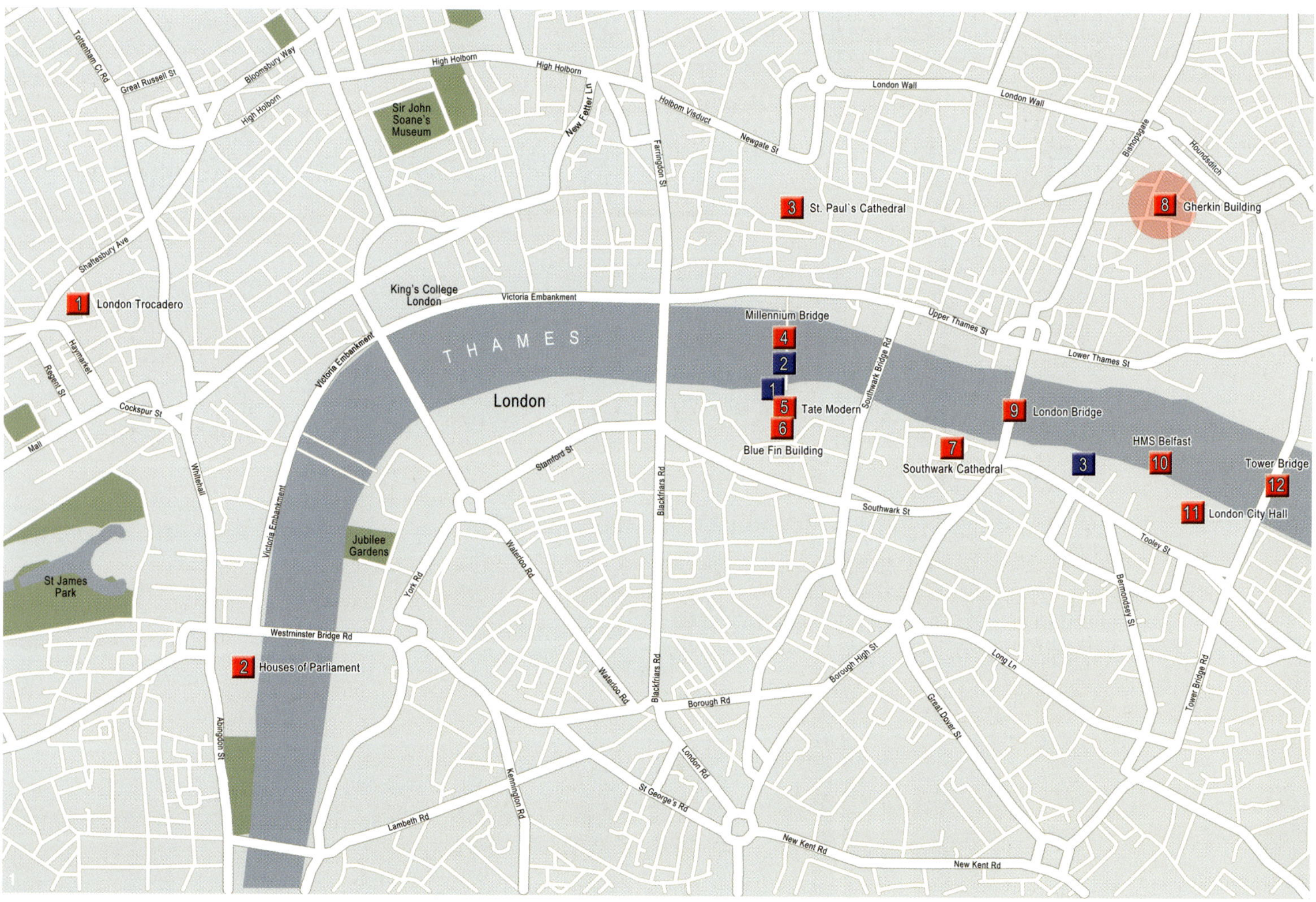

• 위 지도에 표시된 적색과 청색의 의미는 다음과 같으며, 본문 사진캡션의 마지막 부분에 색상번호로 표시하였음.
- 7 적색 사각 표시 : 사진의 위치 표시 - 7 청색 사각 표시 : Viewpoint 위치(사진을 촬영한 위치)

1

2

Tower Bridge, London, United Kingdom 12

HMS Belfast는 원래 소형 군함으로, 런던 템즈강에 영구적으로 정박되어 박물관(museum ship)으로 사용되고 있다. 북아일랜드의 주도(州都)인 벨파스트의 이름을 따 명명된 이 선박은 2차대전 발발 직전인 1939년에 취역하였는데, 독일 해상봉쇄에 처음 동원된 영국군함중 하나로서1944년 6월에는 영국의 노르망디 상륙작전에 동원되었으며, 1950년의 한국전쟁때도 전투에 참여하였다. 이 군함은 1963년에 퇴역하여 해체될 예정이었으나 민간단체인 HMS Belfast Trust의 보존 노력으로 1978년에 영국 전쟁박물관의 분관이 되었다.

1

2

템즈강변의 발전소였던 이 건물은 원래 Giles Gilbert Scott가 설계한 건물이었으나 1981년 폐쇄되었다가 2000년 건축가 Herzog & de Meuron의 설계로 미술관으로 개조되었으며, 현재 이 건물의 1/3 정도는 프랑스 전력회사가 변전소로 사용하고 있다.

1 HMS Belfast and Tower Bridge, London, United Kingdom 10 12 3
2 HMS Belfast(museum ship), London, United Kingdom 10
3 Tate Modern(Architect : Herzog & de Meuron, 2000), London, United Kingdom 5

3

1

2

3

템즈강변의 Tower Bridge 근처에 위치한 런던시청사는 대런던시(Greater London Authority, GLA)의 본청으로서, 구근모양의 특이한 형태를 취하고 있으며, 이는 에너지 효율 문제로 표면적을 감소하기 위해 의도된 것이다. 내부는 뉴욕의 구겐하임 미술관처럼 500미터 정도의 나선 램프가 만들어져 있으며, 10층 꼭대기에는 런던의 거실(London' s Living Room)이라 불리는 전시회합공간이 마련되어 있다.

1 London City Hall(Architect : Norman Foster, 2002), London, United Kingdom 11
2/4/5 Around London City Hall, London, United Kingdom 11
3 London Bridge, London, United Kingdom 9

4

5

1

2

3

4

1 Houses of Parliament, London, United Kingdom 2
2 Blue Fin Building, London, United Kingdom 6
3 London Trocadero, London, United Kingdom 1
4 Southwark Cathedral, London, United Kingdom 7
5 Around London Trocadero, Coventry Street, London, United Kingdom 1

5

2-1-2

BARCELONA, SPAIN

2-1-2_ 스페인 바르셀로나

바르셀로나는 카탈로니아(Catalonia, Catalunya) 지방의 주도(州都)로서, 스페인 제2의 도시이기도 하다. 행정구역내 인구는 160여만명 정도이지만 메트로(Metropolitan) 지역까지 포함하면 500만명(2009년) 정도이다.

인구규모로 보면 유럽연합내에서 여섯 번째로 인구가 많은 도시이자 지중해에 면한 유럽 도시중 가장 인구가 많은 도시이기도 하다. 바르셀로나는 상업, 재정, 예술, 국제무역, 교육, 관광 등에서 매우 비중있는 도시이며, Diagonal Mar 지역은 주요 경제 재정 중심지가 되고 있다.

매년 500만명 이상의 관광객이 방문하는 도시로서 명성과 자산이라는 도시브랜드 측면에서 세계에서 가장 성공적인 도시중의 하나이다. 도시건축 측면에서 바르셀로나는 Antonio Gaudi가 도시 곳곳에 남긴 건축적인 걸작들로 인해 국제적인 랜드마크를 많이 가지고 있는 도시이며, 도시재개발지역인 Diagonal Mar 지역을 중심으로 세계적인 건축가들의 작품이 건립되어 있다.

특히 지금도 건축 중인 가우디의 Sagrada Familia(Saint Family) 성당은 미완성이라는 요소가 덧붙여져 바르셀로나의 대표적인 아이콘이 되고 있다.

1 Sagrada Familia(Architect : Antonio Gaudi), Barcelona, Spain 1

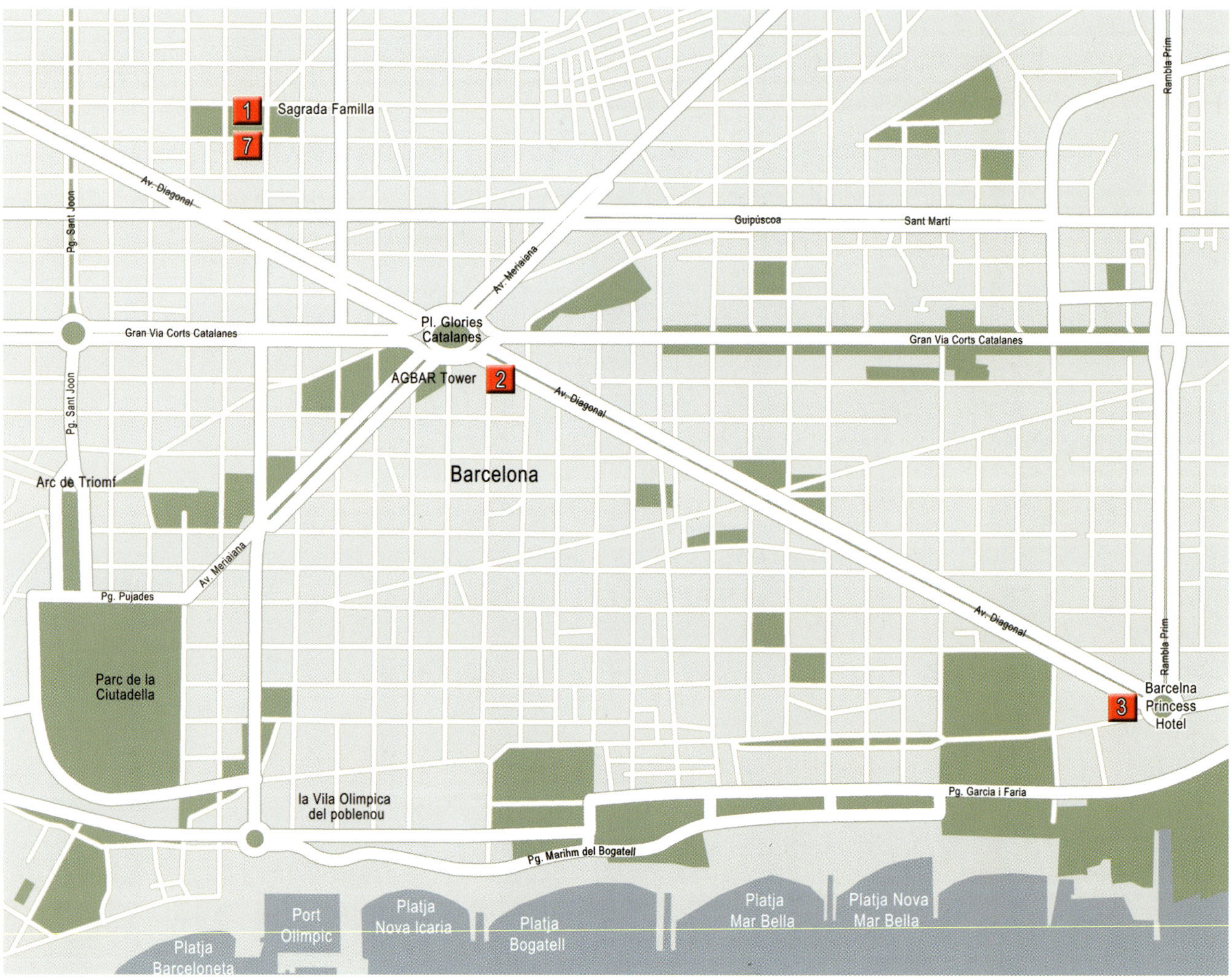

• 위 지도에 표시된 적색과 청색의 의미는 다음과 같으며, 본문 사진캡션의 마지막 부분에 색상번호로 표시하였음.
- 7 적색 사각 표시 : 사진의 위치 표시 - 7 청색 사각 표시 : Viewpoint 위치(사진을 촬영한 위치)

Sagrada Familia 성당은 1882년 Francesc del Villar가 처음 설계를 의뢰받았으나 1883년에 Antonio Gaudi가 이 프로젝트의 건축가로 새로 지명되어 다시 설계하였다. 1926년 Antonio Gaudi가 죽은 이후 건설이 지속되다가 1936년 스페인 내전으로 중단되었으며, 1940년부터 건축가 Francesc Quintana, Isidre Puig Boada, Lluis Bonet i Gari, Francesc Cardoner 등이 다시 작업을 계속하여 2026년경 준공될 예정으로 있다. 조명은 Carles Buigas가 디자인한 것이다.

Sagrada Familia(Architect : Antonio Gaudi), Barcelona, Spain 1

20
LAVANGU RDIA
8 Citas

1

바르셀로나의 Diagonal과 Carrer Badajoz 사이에 위치해 있는 38층의 Agbar Tower는 프랑스 건축가인 Jean Nouvel이 설계한 것으로 소유주인 Agbar Group의 이름을 따 명명되었다. 2005년 6월에 오픈한 이 건물은 그 독특한 모양 때문에 '좌약'(the suppository), '조가비'(shell) 등 여러 가지 별명을 갖고 있다.

Agbar Tower는 reinforced concrete 위에 4,500개 이상의 개구부를 잘라내고 유리를 덮었으며 4,500개의 LED 조명장치를 설치하였다. 또한 타워 외부에 온도센서를 달아 창문 블라인드의 개폐를 조절할 수 있도록 하였다.

1/2/3/4 Agbar Tower(Architect : Jean Nouvel, 2005), Barcelona, Spain 2

1

2

1 Twin towers(viewpoint : Magic Fountain of Montjuic), Plaza de Espana, Barcelona, Spain 4 1
2 Magic Fountain of Montjuic, Barcelona, Spain 5
3 National Art Museum of Catalonia(Museu Nacional d'Art de Catalunya, MNAC), Barcelona, Spain 6
4 Jacint Verdaguer monument, Plaça Mossen Jacint Verdaguer, Barcelona, Spain 7
5 Barcelona Princess Hotel, Diagonal Mar, Barcelona, Spain 3

3

4

5

2-1-3

VALENCIA, SPAIN

2-1-3_ 스페인 발렌시아

발렌시아는 발렌시아 지방의 주도(州都)로서, 스페인 제3의 도시이며 도시인구는 81만여명(2009년)이다. 메트로(Metropolitan) 지역을 포함할 경우 200여만명이며, 8세기 초반 무어인(Moors)들이 점령한 이후의 문화유산들이 풍부하게 남아 있다.

뮤지엄 콤플렉스인 Ciutat de les Arts i les Ciencies는 전위예술적이며 시대를 앞서나가는 디자인으로 발렌시아의 대표적인 랜드마크가 되고 있다. 발렌시아어로 Ciutat de les Arts i les Ciencies는 예술과학도시(City of Arts and Sciences)라는 뜻으로, 구(舊) Turia강의 하상(河床) 위에 건립되었다. Turia강은 1957년 발렌시아 대홍수로 강줄기를 우회시킨 이후 1980년에 도시정원(garden)으로 조성되었는데, Santiago Calatrava와 Felix Candela가 설계한 예술과학도시는 이 강의 끝 부분에 위치해 있다.

예술과학도시는 아이맥스 영화관과 천문관(Planetarium)이 있는 Hemisferic, 고래골격을 닮은 과학관 Museu de les Ciencies Principe Felipe, 발렌시아 토종식물을 심어 놓은 조경화된 보행로 Umbracle, 유럽에서 가장 큰 야외해양공원인 Oceanografic, 오페라하우스 겸 공연예술센터인 Palau de les Arts Reina Sofia, 부지 남측과 Minorca Street를 연결하는 다리 Puente de l' Assut de l' Or, 콘서트와 스포츠 이벤트가 열리는 지붕덮인 광장 Agora 등, 현재 7개 건축물들이 복합적으로 구성된 컴플렉스이다.

Umbracle은 라벤더, 인동덩굴, 물푸레나무 등 발렌시아 토종식물을 식재한 조경 보행로로서, 야외 갤러리에는 Francesc Abbot, Yoko Ono 등과 같은 현대 예술가들의 조각품이 전시되어 있다.

1/2 Umbracle(Architects : Santiago Calatrava, 1998), City of Arts and Sciences(Ciutat de les Arts i les Ciéncies), Valencia, Spain 1

Urban Night Landscape

도시야간경관

• 위 지도에 표시된 적색과 청색의 의미는 다음과 같으며, 본문 사진캡션의 마지막 부분에 색상번호로 표시하였음.
- 7 적색 사각 표시 : 사진의 위치 표시 - 7 청색 사각 표시 : Viewpoint 위치(사진을 촬영한 위치)

벨렌시아 태생의 세계적인 건축가 Santiago Calatrava가 설계한 예술과학도시(Ciutat de les Arts i les Ciencies)내 건물들은 경관조명을 통하여 구조적인 조형미를 적절하게 잘 보여주고 있다. 특히 소피아 예술궁전(Palau de les Arts Reina Sofia)은 우주선같은 외관과, 앞에서 보면 곡선의 지붕 위에 솟아오른 독수리의 부리모양의 독특한 구조물로 인하여 매우 전위적인 느낌을 준다.

Queen Sofia Palace of the Arts(center, Palau de les Arts Reina Sofia, 2005) and Hemisferic(right, 1996) (Architects : Santiago Calatrava), City of Arts and Sciences(Ciutat de les Arts i les Ciencies), Valencia, Spain 2 3

1/2/3 Queen Sofia Palace of the Arts, City of Arts and Sciences, Valencia, Spain 3

1

2

3

1

2

아이맥스 영화관과 천문관(Imax Cinema, Planetarium) 등이 들어 있는 독특한 모양의 Hemisféric은 개구부가 눈과 눈꺼풀의 모양을 닮아 있으며 그 특징은 야간조명을 통하여 더욱 뚜렷이 나타난다(사진 1, 2).

외관상 고래의 골격을 닮은 필리페 과학관(Principe Felipe Science Museum)은 미래지향적인 구조미로 인하여 경관조명을 하게 되면 매우 아름다운 야경을 연출한다(사진 1, 3, 6).

1 Hemisféric(1998) and Principe Felipe Science Museum(2000), Valencia, Spain 2
2 Hemisféric(1998), Valencia, Spain 2
3 Principe Felipe Science Museum(2000), Valencia, Spain 4
4 Umbracle(1998), Valencia, Spain 1
5 Queen Sofia Palace of the Arts(2005), Valencia, Spain 3

1

1/2 Growth cone(Cono cimiento), City of Arts and Sciences, Valencia, Spain 6
3 El Pescador(Sculptor : Lucas Vazquez Carrion), Garden of the Turia(Jardi del Turia / Jardin del Turia), Valencia, Spain 6
4 Gàrgola(Gargoyle), Pont del Regne(Puente del Reino), Valencia, Spain 7

• 위 지도에 표시된 적색과 청색의 의미는 다음과 같으며, 본문 사진캡션의 마지막 부분에 색상번호로 표시하였음.
- 7 적색 사각 표시 : 사진의 위치 표시 - 7 청색 사각 표시 : Viewpoint 위치(사진을 촬영한 위치)

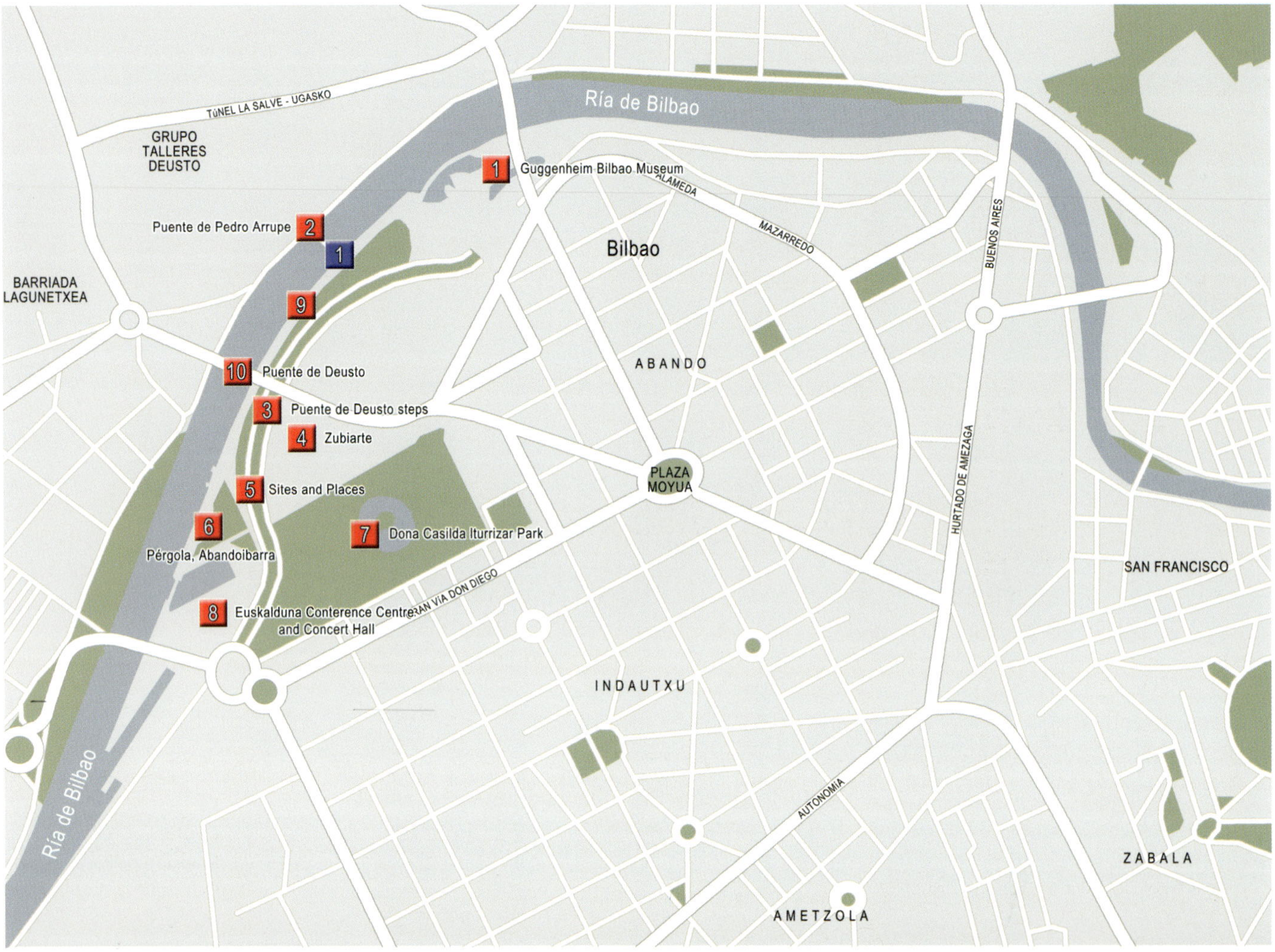

1

2-1-4

BILBAO, SPAIN

2-1-4_ 스페인 빌바오

빌바오는 바스크 지역(Basque Country)에서 가장 큰 도시로서 비스케이 지방(Biscay)의 주도(州都)이다. 도시인구는 35만여명(2008년)으로, 메트로(Metropolitan) 지역까지 포함하면 95만여명이며 모두 네르비온강(Nervión River)을 따라 살고 있다.

최근에 빌바오는 그 지역의 전통적인 산업구조에서 벗어나 관광 및 서비스에 중점을 둔 도시재생(urban renewal)사업을 진행하여 왔다. 개발부지는 Norman Foster의 새로운 지하철 시스템(Metro Bilbao) 주변지역에 집중되었으며, Frank Gehry의 Bilbao Guggenheim Museum, Santiago Calatrava가 설계한 Zubizuri Bridge, Euskalduna Palace 등이 대표적이다. 또한 Cesar Pelli가 디자인한 새로운 랜드마크 타워가 건립될 예정이며, 2010년에는 리콴유 세계도시상(Lee Kuan Yew World City Prize)에 선정되었다.

빌바오 도시재생사업의 일환으로 건립된 Frank Gehry의 Bilbao Guggenheim Museum은 그의 건축 스타일을 잘 보여주고 있는데, 항구지역에 위치해 있기 때문에 배의 형태를 닮도록 디자인되었으며, 반짝이는 반사 티타늄 패널은 물고기 비늘처럼 보이도록 의도된 것이다. 그 독특한 형태 때문에 이 미술관은 연간 100만여명 정도가 방문하는 인기있는 관광명소가 되고 있다.

1/2 Bilbao Guggenheim Museum(Architect : Frank O. Gehry, 1997), Bilbao, Spain 1

2

빌바오 네르비온 강변(Nervion River)의 교량이나 수변공간에 대한 야간경관 조명과는 달리 구겐하임 미술관 건물자체는 거의 조명을 하지 않고 있는데, 이는 아마도 미술관 외부의 반짝이는 티타늄 패널이 주변의 빛을 충분히 잘 반사하고 있기 때문으로 보인다.

Bilbao Guggenheim Museum(Architect : Frank O. Gehry, 1997), Bilbao, Spain

1

빌바오 국제회의장 및 콘서트홀인 Euskalduna Palace는 네르비온강의 재개발지역인 Abandoibarra에 위치해 있는데, 정문 앞의 광장에는 조명을 겸한 철구조물이 숲을 이루고 있으며, 뒤쪽으로는 수변공간이 조성되어 있다.

네르비온 강변의 공원으로 조성된 Abandoibarra 지역에는 각종 조형물과 파골라가 설치되어 야간에 경관조명을 통해 조형적인 요소로 활용한다.

1 Euskalduna Conference Centre and Concert Hall(Palacio de los congresos y de la musica, Architects : Federico Soriano and Dolores Palacios, 1999), Bilbao, Spain 8
2/3 Bosque del Milenio, Euskalduna Conference Centre and Concert Hall(Palacio de los congresos y de la musica), Bilbao, Spain 8
4/7 Pergola, Abandoibarra, Bilbao, Spain 6
5 Sites and Places(Sitios y Lugares - Sculpture of cups of coffee, Sculptor : Angel Garraza). Euskalduna Conference Centre and Concert Hall(Palacio de los congresos y de la musica), Bilbao, Spain 5
6 Zubiarte shopping center(Centro Comercial Zubiarte), Bilbao, Spain 4

2

3

4

5

6

7

빌바오는 재개발된 네르비온 강변의 다리와 수변공간을 다양한 형태의 조명으로 장식하여 야간의 도시미를 향상시키고 있으며, 이는 야간에 사람들을 끌어들이는 주요 요소로 작용한다.

1 Doña Casilda Iturrizar Park, Bilbao, Spain 7
2 Nervión River Waterfront, Abandoibarra, Bilbao, Spain 9
3/4 Steps(Escalera), Puente de Deusto, Bilbao, Spain 8
5 Puente de Deusto, Bilbao, Spain 8
6/7 Pedro Arrupe Bridge(Footbridge, Puente de Pedro Arrupe), Bilbao, Spain 2

3

4

5

6

7

2-1-5

BUDAPEST, HUNGARY

2-1-5_ 헝가리 부다페스트

부다페스트(Budapest)는 헝가리의 수도로서 처음에는 켈트족(Celtic)이 거주하였으나 후에 로마인들에게 점령되었다가 헝가리인들이 9세기경 정착하였다. 헝가리인들의 최초 정착지는 13세기 중엽 몽고족의 침입으로 파괴되었으며, 이후 새로 건설된 이 도시는 15세기경, 르네상스 인본주의 문화의 중심지가 되었다. 현재 인구는 170여만명(2010년)이며, 메트로(Metropolitan) 지역까지 포함한 인구는 모두 330여만명 정도이다.

부다페스트는 다뉴브강(Danube)을 사이에 두고 불가리아의 두 군사요새였던 부다(Buda)와 페스트(Pest)에서 출발하여 1873년, 제3의 지역인 오부다(Obuda, Ancient Buda) 지역과 함께 공식적으로 합병되어 새로운 메트로폴리스로서 부다페스트가 되었다. 부다페스트는 한때 인구의 23%가 유태인으로 이 때문에 유태인의 메카(Jewish Mecca)로도 불리기도 했다.

Széchenyi Lanchid Chain Bridge는 건설의 주요 지원자였던 István Széchenyi의 이름을 따 명명되었다. 이 다리는 현수교로서 상판을 지지하는 체인에 조명을 설치하고 교각 하부와 상부에 업라이팅과 다운라이팅을 함으로써 형태적으로 다뉴브강변의 대표적인 경관조명을 보여준다.

다뉴브강변의 부다언덕(Buda Hills) 위에 있는 부다성(Buda Castle, Budai Vár)은 어둠이 몰려오는 저녁 무렵, 언덕 아래에 흐릿하게 켜진 조명과 산 위의 노을 진 석양을 배경으로 아름다운 스카이라인을 연출해낸다.

1 Széchenyi Chain Bridge(Designer : William Tierney Clark, 1849), Budapest, Hungary 3
2 Buda Castle(Budai Vár) Skyline, Budapest, Hungary 1

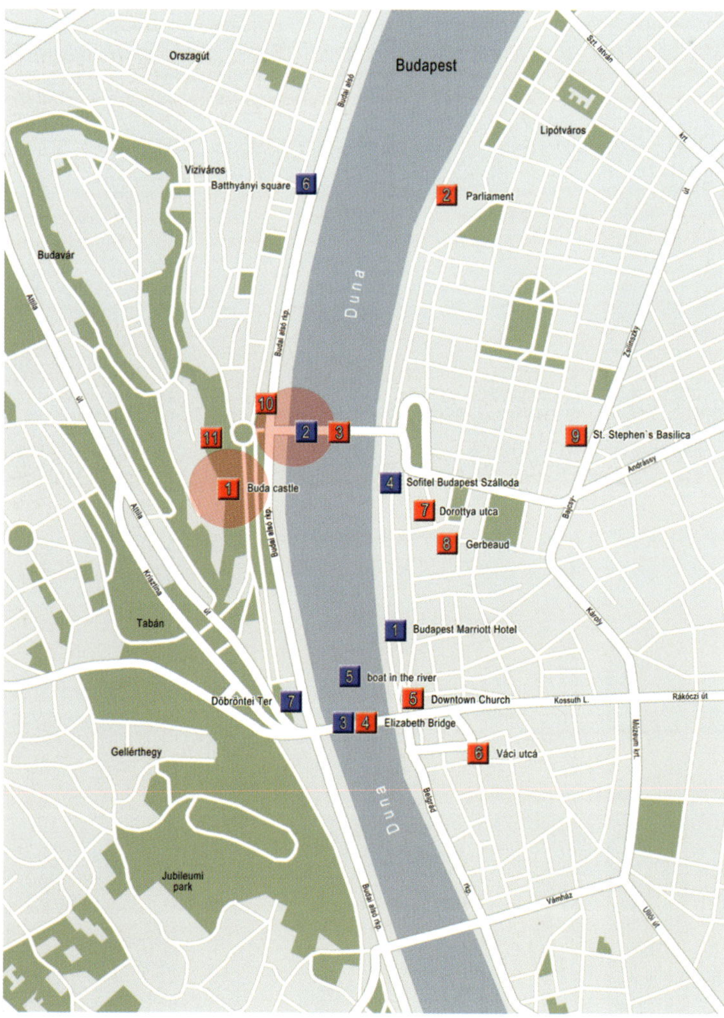

• 위 지도에 표시된 적색과 청색의 의미는 다음과 같으며, 본문 사진캡션의 마지막 부분에 색상번호로 표시하였음.
- 7 적색 사각 표시 : 사진의 위치 표시 - 7 청색 사각 표시 : Viewpoint 위치(사진을 촬영한 위치)

2

1

Parliament(Országház)(viewpoint : Széchenyi Chain Bridge), Budapest, Hungary

Buda Castle(Budai Vár) and Sandor Palota(Office of the President of the Republic of Hungary)(viewpoint : Budapest Marriott Hotel), Budapest, Hungary

다뉴브강변에 보이는 아름다운 부다페스트의 야경은 교량과 부다성, 강변의 공공건축물에 대한 주의깊은 경관조명의 결과이다. 아름다운 야경연출을 위해서는 필요한 곳에 주요 초점이 되는 건물의 하이라이팅이 필요하며 도시가로는 간판이나 광고 등 어수선한 조명으로 혼란스럽지 않아야 한다.

1 Buda Castle(Budai Vár)(viewpoint : Sofitel Budapest Szálloda), Budapest, Hungary 1 4
2 Downtown Church(Belvárosi templom)(viewpoint : boat in the river), Budapest, Hungary 5 5
3 Hotel, Around Széchenyi Chain Bridge, Budapest, Hungary 10
4 Buda Castle and Széchenyi Chain Bridge(viewpoint : Erzsebet(Elizabeth) Bridge), Budapest, Hungary 1 3 3
5 Parliament(Országház)(viewpoint : Batthyányi square), Budapest, Hungary 2 6
6 Downtown Church(Belvárosi templom) and Elizabeth Bridge(viewpoint : Döbröntei Ter), Budapest, Hungary 4 5 7

5

6

1 Buda Castle(Budai Vár), Budapest, Hungary 11
2 Gerbeaud, Vörösmarty square(Vörösmarty tér), Budapest, Hungary 8
3/4 St. Stephen's Basilica(Szent Istvan Bazilika), Budapest, Hungary 9
5 Street Cafe, Váci utca, Vörösmarty square(Vörösmarty tér), Budapest, Hungary 6
6 Dorottya utca, Budapest, Hungary 7

5

6

2-1-6

PRAGUE(PRAHA), CZECH REPUBLIC

2-1-6_ 체코 프라하

프라하(Prague)는 체코공화국의 수도로서 중앙 보헤미아(Central Bohemia)의 블타바강변(Vltava River)에 위치해 있다. 인구는 130만명 정도이며, 메트로폴리탄 지역(metropolitan area)까지 포함하면 190만명이 넘는다.

1992년부터 프라하의 역사적 도심은 유네스코의 세계문화유산으로 등재되었으며, 유럽에서 가장 인기있는 관광지 중의 하나로 매년 410만명 이상의 외국 관광객이 방문하고 있다. 구석기시대부터 사람이 살았으며, 14세기 신성로마제국의 카를 4세(Charles IV, Holy Roman Emperor)의 치세에 번성하였다. 카를 4세는 구(舊)도시 옆에 신도시 건설을 명하였는데, 유명한 Charles Bridge(Karluv Most)는 이 두 지역을 연결시키기 위해 건설된 것이다.

구도심광장(Staroměstské náměstí)은 많은 관광객들이 방문하는 프라하의 대표적인 관광명소로서, 광장 주변의 건물 중에서 역사적인 명소인 교회(Church of Our Lady)를 훨씬 밝게 조명하여 주변보다 눈에 띄게 경관조명을 구성하였다.

블타바강변(Vltava River)에 위치한 고건축물들은 대부분 경관조명을 하고 있는데, 그 중에서도 프라하 국립극장(Narodni divadlo)은 아름다운 지붕과 주변보다 밝은 조명으로 야간경관의 초점이 되고 있다.

1 Church of Our Lady(Tynský chrám), Old Town Square(Staroměstské náměstí), Prague(Praha), Czech Republic 8
2 Prague National Theatre(Národni divadlo), Prague(Praha), Czech Republic 5

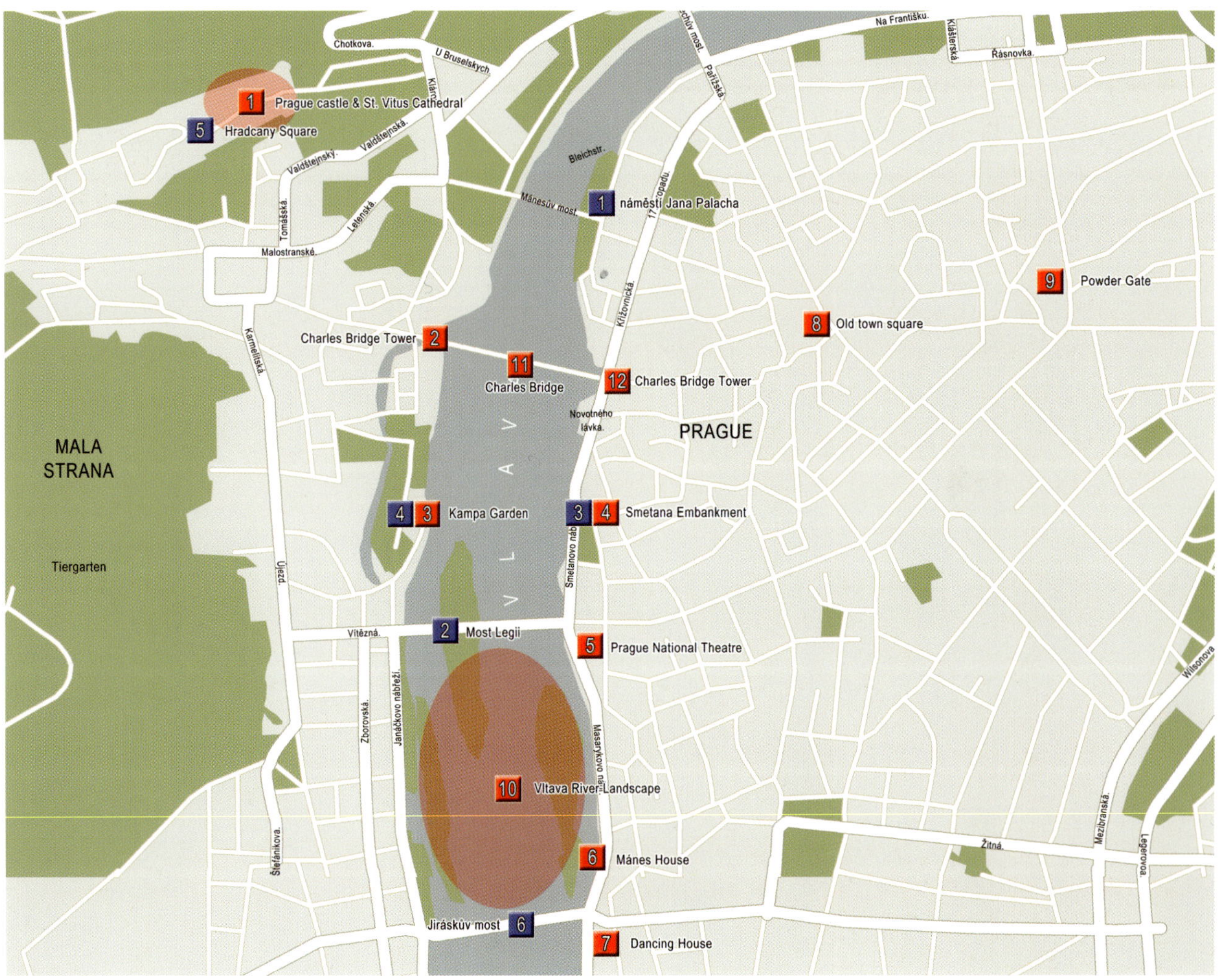

• 위 지도에 표시된 적색과 청색의 의미는 다음과 같으며, 본문 사진캡션의 마지막 부분에 색상번호로 표시하였음.
- 7 적색 사각 표시 : 사진의 위치 표시 - 7 청색 사각 표시 : Viewpoint 위치(사진을 촬영한 위치)

1

2

Hradčany성(城)은 길이 570미터, 폭 130미터로 세계에서 가장 큰 성이다. 가운데 높이 솟은 건물은 성 비투스 성당(St. Vitus Cathedral)으로, 성 중심지역에 위치해 있으며 성 주변은 대부분 오래된 역사지구이다. 이 성당은 신성로마제국의 황제였던 Charles IV가 건립한 것으로 중부유럽의 가장 오래된 성당이다. 언덕 위에 위치해 있어 멀리서도 잘 조망되기 때문에 야간에 경관조명을 하게 되면 높은 곳에 위치해 있는 지형특성과 고풍스런 성의 형태가 어우러져 환상적인 야경을 연출해 낸다.

St. Vitus Cathedral and Hradčany Castle, Prague(Praha), Czech Republic 1

NEW
Kafka
Museum

1 Mánes House(Budovė Mánes)(viewpoint : Jiráskův most), Prague(Praha), Czech Republic 6 6
2 Charles Bridge(Karluv Most) Tower and St. Vitus Cathedral, Prague(Praha), Czech Republic 1 2
3 Vltava River Landscape(viewpoint : Jiráskův most), Prague(Praha), Czech Republic 10 6
4 Prague Night City Landscape(viewpoint : Hradcany Square(Hradcanske Namesti)), Prague(Praha), Czech Republic 2 3 4 5 6 5

3

블타바강(Vltava River) 너머로 보이는 강변을 따라 서 있는 건축물들의 경관조명은 캄파뮤지엄 앞의 열지어 선 펭귄들과 어울려 야간경관이 매우 아름답다. 강변의 고풍스런 건축물들이 멀리서 보아 아름다운 야경을 연출하는 것은 주변의 어두움에 기인하는 바가 크며, 이는 도시의 야간경관이 초점이 되는 경관대상뿐 아니라 주변의 야간조명에 대한 적절한 통제가 필요함을 보여준다.

1 Smetana Embankment(Smetanovo nábřeži)(viewpoint : Museum Kampa), Prague(Praha), Czech Republic 4 4
2 Kampa Garden(Around Museum Kampa)(viewpoint : Smetana Embankment), Kampa Island, Prague(Praha), Czech Republic 3 3

1

2

1

2

3

4

1 Museum Kampa and Charles Bridge, Prague(Praha)(viewpoint : Most Legii), Czech Republic 3 11 2
2 Charles Bridge and Charles Bridge Tower, Prague(Praha), Czech Republic 11 12
3 St. Vitus Cathedral and Hradčany Castle(viewpoint : náměsti Jana Palacha), Prague(Praha), Czech Republic 1 1
4 Old Town Square(Staroměstské náměsti), Prague(Praha), Czech Republic 8
5 Powder Gate(Prašna Brána), Prague(Praha), Czech Republic 9
6 Nationale-Nederlanden building(Dancing House, Architects : Frank Gehry and Vlado Milunić, 1996) and Jiráskův most(Jiráskův Bridge), Prague(Praha), Czech Republic 7

5

6

2-1-7

VENICE(VENEZIA), ITALY

2-1-7_ 이탈리아 베니스(베네치아)

Venice(Venezia)는 이탈리아 북부에 위치한 도시로서 베네토 지방(region Veneto)의 주도(州都)이다. 도시인구는 27만여명(2009년)으로, 인근의 Padua 지역과 함께 Padua-Venice Metropolitan Area을 형성하고 있는 총인구는 160여만명에 이른다.

도시명칭은 로마시대 이 지역에 거주했던 고대 Veneti족의 이름에서 유래하였으며, 물의 도시, 아드리아 해의 여왕, 가면의 도시, 떠있는 도시, 운하의 도시 등 여러 가지 별칭을 가지고 있다. 117개의 작은 섬으로 이루어진 이 도시는 역사적으로 중세 및 르네상스 시대에 해양강국중의 하나이자 도시국가(city state)였던 베니스공화국(Republic of Venice)의 수도였다.

베니스 산마르코 광장(San Marco) 앞의 수변공간에서 열리는 불꽃놀이 등의 야간행사는 많은 사람들을 모이게 만드는데, 바다 맞은편에 있는 San Giorgio Maggiore성당의 경관조명은 바닷가 수변경관을 더욱 아름답고 볼거리가 풍부한 공간으로 만든다(사진 1).

물의 도시 베니스는 시내 곳곳에 수로와 보트 계류장이 설치되어 있는데, 수로를 따라 형성된 오래된 건물들과 가로의 야경은 수로를 지나는 배들의 조명과 어울려 독특한 도시야경을 만들어낸다(사진 2).

1 San Giorgio Maggiore(viewpoint : Ponte della Paglia, Riva degli Schiavoni), Venice(Venezia), Italy 10 5
2 Santa Lucia Stazione and Fondamenta Santa Lucia, Venice(Venezia), Italy 5 3

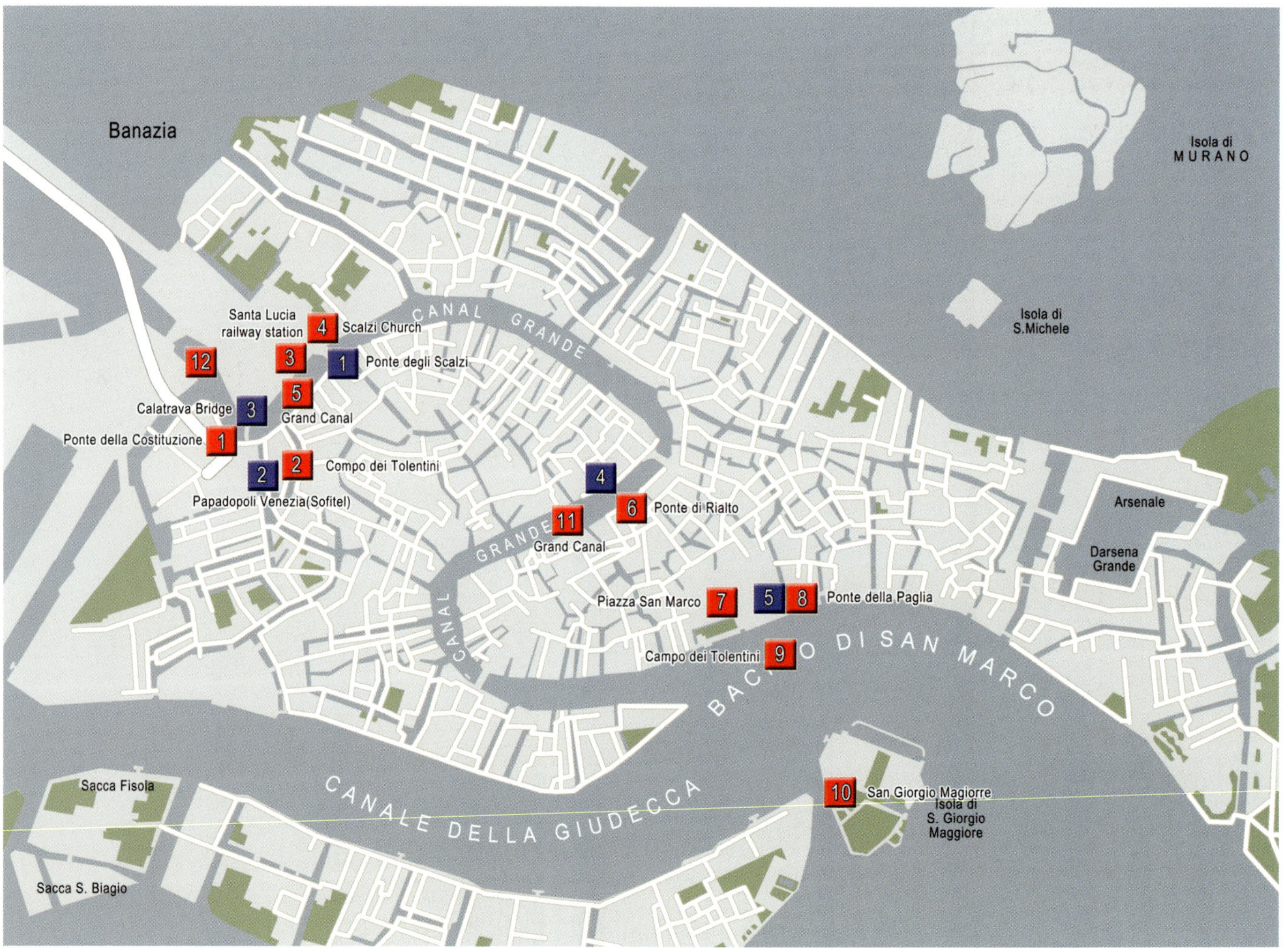

• 위 지도에 표시된 적색과 청색의 의미는 다음과 같으며, 본문 사진캡션의 마지막 부분에 색상번호로 표시하였음.
- 7 적색 사각 표시 : 사진의 위치 표시 - 7 청색 사각 표시 : Viewpoint 위치(사진을 촬영한 위치)

1

2

리알토다리(Rialto Bridge, 1591) 위에서 바라 본 Grand Canal은 유서깊은 다리와 수로 주변의 야외카페, 수로 위를 떠다니는 배의 궤적들이 함께 어우러져 한 폭의 서양화같은 야경을 연출하고 있다.

Grand Canal, Southwest view(viewpoint : Ponte di Rialto), Venice(Venezia), Italy 11 4

1

2

3

4

오래 된 성당이나 공공 석조건축물들의 경관조명은 유서깊은 도시의 품격을 보여주기에 충분하다.

석조건축물의 경관조명은 위치와 형태에 따라 다양한 형태의 조명기법이 사용되는데, 대부분의 경우 업라이팅(사진 1, 5)을 사용하나 포르티코(Portico)가 있는 경우, 내부 천정에 조명을 매입하여 현관을 밝게 하면(사진 2) 분위기있는 야경을 만들 수 있다.

1 Scalzi Church and Ponte degli Scalzi, Venice(Venezia), Italy 4 1
2 Campo dei Tolentini, Venice(Venezia), Italy 2
3/4 Fireworks, Campo dei Tolentini(viewpoint : Sofitel Hotel), Venice(Venezia), Italy 2 9 2
5 Venice(Venezia), Italy

5

Grand Canal, Southwest view(viewpoint : Ponte degli Scalzi), Venice(Venezia), Italy 5 1

1

2

3

1 State Police(Polizia Di Stato), Grand Canal, Southwest Bank(viewpoint : Calatrava Bridge), Venice(Venezia), Italy 12 3
2 Grand Canal, Southwest view(viewpoint : Hotel Rialto), Venice(Venezia), Italy 11 4
3 Piazza San Marco, Venice(Venezia), Italy 7
4 Ponte di Rialto, Venice(Venezia), Italy 6
5 Belltower, Piazza San Marco, Venice(Venezia), Italy 7

4

5

2-1-8

GRAZ, AUSTRIA

2-1-8_ 오스트리아 그라츠

그라츠(Graz)는 오스트리아 제2의 도시로서, Styria주의 주도(州都)이다. 인구는 29만여명(2009년)이며 6개 대학에 학생수가 44,000명에 이르는 교육도시로서 오랜 전통을 가지고 있다.

그라츠 시에는 중부유럽에서 가장 잘 보존된 도심이 있는데, 1999년 유네스코에 의해 세계문화유산 지역(World Cultural Heritage Sites)으로 지정되었으며, 2003년에는 유럽에서 유일하게 문화수도로 지정되었다.

Schloßberg의 그라츠 시계탑은 그라츠시의 상징으로서 산 위에 있기 때문에 멀리서도 잘 조망되며, 야간에는 주변보다 훨씬 밝은 하이라이팅을 통하여 도시의 랜드마크가 되고 있다.

1 Schlossbergplatz, Grazer Schloßberg(Castle Mountain) with clock tower(Uhrturm), Graz, Austria 1 2

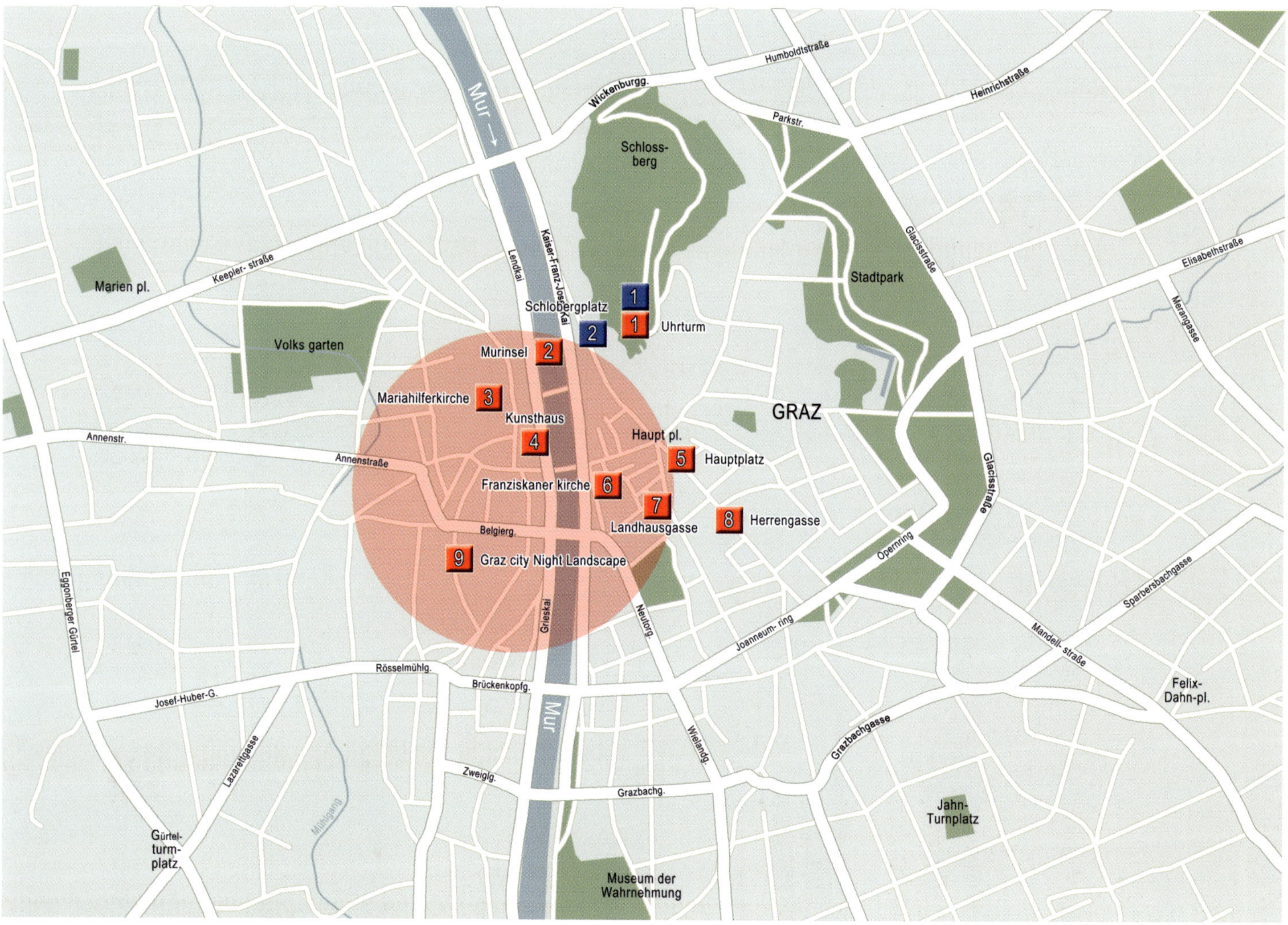

• 위 지도에 표시된 적색과 청색의 의미는 다음과 같으며, 본문 사진캡션의 마지막 부분에 색상번호로 표시하였음.
- 7 적색 사각 표시 : 사진의 위치 표시
- 7 청색 사각 표시 : Viewpoint 위치(사진을 촬영한 위치)

1

1

2

3

Kunsthaus Graz는 2003년 유럽문화수도 기념사업의 일환으로 건설되었다. 종종 '친근한 외계인(Friendly Alien)' 으로 불리기도 하는 이 건물은 유기적인 아메바 모양의 건물형태를 지니고 있기 때문에 부정형건축(Blob Architecture) 양식으로 알려져 있다. '크다' 라는 의미의 'BIG' 과 ' pixels' 이라는 단어가 조합된 이 미술관의 BIX Façade는 무어(Mur) 강 쪽에 면한 건물 동쪽 입면의 아크릴 유리 외피를 의미하는 것으로, 건축과 뉴미디어가 독특한 형식으로 혼합된 것이다(사진 3, 4).

1 Graz city Night Landscape, Southwest view(viewpoint : Uhrturm), Graz, Austria 4 9 1
2 Mariahilferkirche(viewpoint : Uhrturm), Graz, Austria 3 1
3 Kunsthaus Graz(Graz Art Museum, Architects : Peter Cook and Colin Fournier, 2003), Graz, Austria 4
4 Kunsthaus Graz(viewpoint : Uhrturm), Graz, Austria 4 1

4

1/2/3/4 Murinsel(Mur island), Graz, Austria 2
5/7/8 Uhrturm(Clock Tower), Graz, Austria 1
6 Hauptplatz, Graz, Austria 5

5

6

7

8

1

2

3

1 Franziskanerkirche, Graz, Austria 6
2 Steiermärkische Bank und Sparkassen AG, Landhausgasse, Graz, Austria 7
3 Herrengasse, Graz, Austria 8
4/5 Landhausgasse, Graz, Austria 7

4

5

2-1-9

VILLACH, AUSTRIA

2-1-9_ 오스트리아 필라흐

필라흐(Villach)는 오스트리아 남부 Carinthia주 제2의 도시이나 도시인구는 58,000여명(2006년) 정도로 매우 적다. Drava(Drau) 강변에 위치해 있는, 오스트리아의 교통요충지인 이 도시는 기원전 3,500년부터 사람이 살기 시작하였으나 기록상 도시명칭은 1240년에 처음 나타난다.

2차 세계대전 당시 이 도시는 연합군에 의해 37차례나 폭격을 받아 도시의 85% 가량이 파괴되었다. 그럼에도 불구하고 종전 이후, 옛 모습을 재건하여 Drava(Drau) 강변에 고풍스런 소도시의 풍경을 간직하고 있는 아름다운 도시이다.

보행전용다리 건너편 위로 보이는 성당의 첨탑은 야간조명을 통하여 더욱 뚜렷한 도시의 랜드마크가 되고 있으며, 보행전용다리 난간의 핸드레일에 조명을 매입하여 밝게 비춤으로써 멀리 보이는 성당으로 가는 길이 천국으로 이르는 길과 같은 분위기를 느끼게 한다.

Footbridge, St. Jacob Church Tower(St. Jakob Kirche), Villach, Austria 1 1

• 위 지도에 표시된 적색과 청색의 의미는 다음과 같으며, 본문 사진캡션의 마지막 부분에 색상번호로 표시하였음.
- 7 적색 사각 표시 : 사진의 위치 표시 - 7 청색 사각 표시 : Viewpoint 위치(사진을 촬영한 위치)

1 Footbridge and Drava(Drau) river promenade, St. Jacob Church, Villach, Austria 1 1
2 Congress Center Villach and Drau promenade, Villach, Austria 3 4 1
3 Church of Holy Cross(Kreuzkirche), Villach, Austria 5 4
4 Drava(Drau) river promenade, Villach, Austria 5 1

1

2

3

4

Drava(Drau)강의 경관과 강변 산책로(promenade)는 야간에 적절한 조명과 유람선, 그리고 드라바교(Draubrücke)의 경관조명이 어울려 아름다운 수변경관을 연출해 낸다. 한 쪽 강변은 각종 편의시설들과 컨벤션이 배치되어 약간 번잡스러우나 반대편 강변 산책로는 낮은 조도의 LED 조명으로 다양하면서도 한적한 야간경관을 형성하고 있다.

Drava(Drau) river and Drava promenade, Villach, Austria 2 3 4 1

1

2

3

4

5

1 St. Nikolai Church(viewpoint : Congress Center Villach), Villach, Austria 3 2
2 St. Jacob Church(St. Jakob Kirche), Villach, Austria 1
3 Villach Draubrücke, Villach, Austria 2
4 Overbridge between Holiday Inn & Congress Center Villach, Villach, Austria 4
5 Drava(Drau) river promenade, Villach, Austria 4
6 Entrance, Congress Center Villach, Villach, Austria 4
7 Church of Holy Cross(Kreuzkirche), Villach, Austria 5 3

6

7

2-1-10

GRAND DUCHY OF LUXEMBOURG

2-1-10_ 룩셈부르크

룩셈부르크(Grand Duchy of Luxembourg)는 독일, 프랑스, 벨기에에 둘러싸인 서유럽의 내륙국가로서, 인구는 50만명(2010년)이 조금 넘으며 세계에서 유일하게 남아있는 대공국(Grand Duchy)이다.

룩셈부르크시는 룩셈부르크 대공국(Grand Duchy of Luxembourg)의 수도로서, 중세시대에 프랑크족(Franks)이 세운 룩셈부르크성이 이 도시 안에 있으며, 남부 룩셈부르크의 Alzette강과 Pétrusse강 합류지점에 위치해 있다. 두 강이 깎아낸 70m 깊이의 협곡은 가파른 절벽 아래 그림같은 도심지역을 형성하고 있는데, 이 때문에 많은 교량과 육교가 설치되어 있다.

Alzette강이 흐르는 계곡을 따라 구도심이 형성되어 있는데, 계곡 사이로 보이는 절벽 위의 오래된 성당과 건물, 그리고 계곡을 따라 늘어선 건물들의 모습이 야간의 경관조명을 통하여 더욱 고풍스런 도시 분위기를 연출하고 있다(사진 1).

Neumünster Abbey는 룩셈부르크시의 그룬트지구(Grund district)에 위치한 공공광장인 동시에 문화센터(Centre Culturel de Rencontre Abbaye)이다. 광장에는 광장을 밝히는 볼라드 형태의 광장조명이 격자형으로 세워져 있으며, 광장 앞의 절벽을 밝히는 조명으로 낮보다 더 아름다운 경관을 보여준다(사진 2).

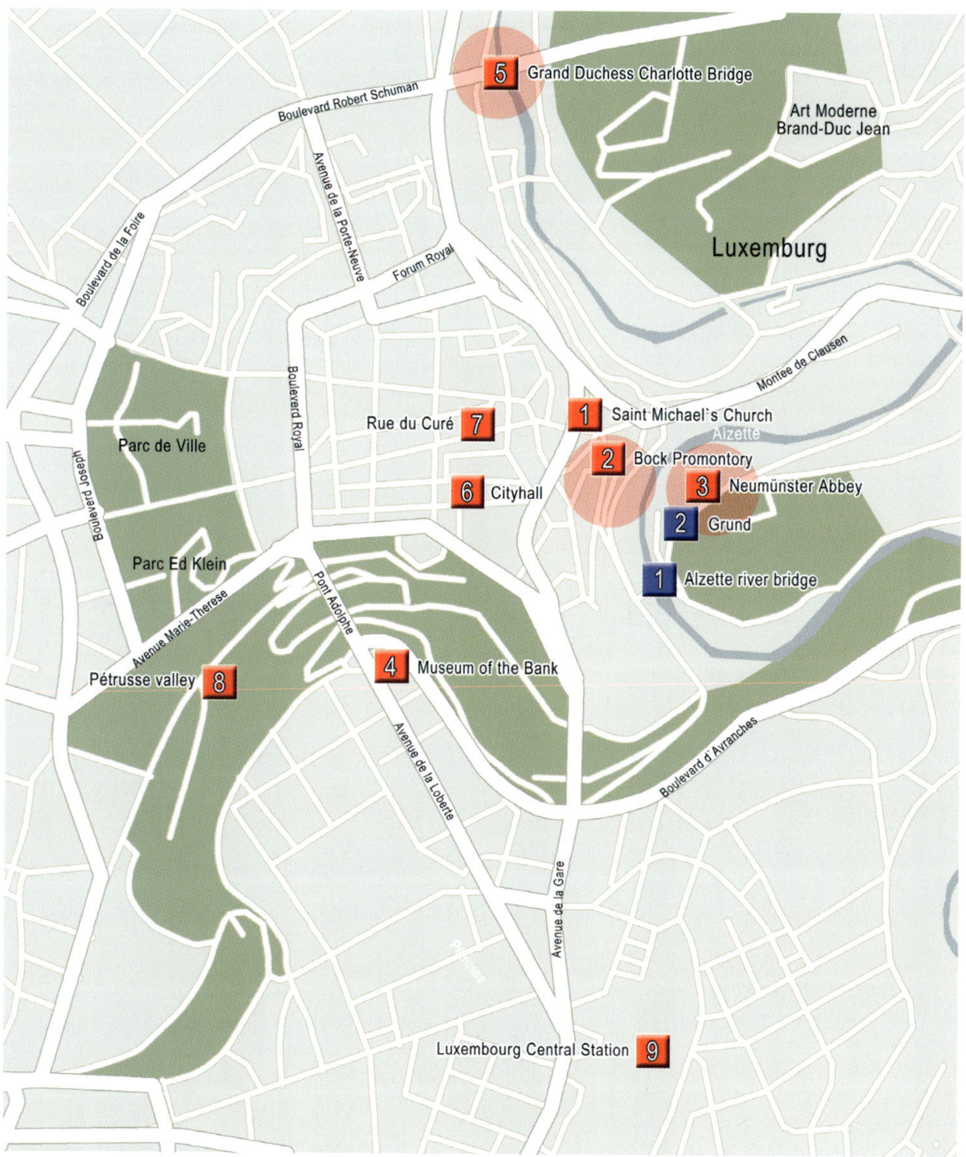

2

• 위 지도에 표시된 적색과 청색의 의미는 다음과 같으며, 본문 사진캡션의 마지막 부분에 색상번호로 표시하였음.
- 7 적색 사각 표시 : 사진의 위치 표시 - 7 청색 사각 표시 : Viewpoint 위치(사진을 촬영한 위치)

1 Saint Michael's Church(Mechelskierch) and valleys of the Alzette(viewpoint : Alzette river bridge), Luxembourg City, Luxembourg 1 1
2 Neumünster Abbey, Luxembourg City, Luxembourg 3

1

Alzette강이 오랜 세월에 걸쳐 깎아낸 Grund지역 야경으로서, 강 좌측의 절벽 위로는 성미카엘성당(Saint Michael' s Church)이, 강변 우측에는 노이뮌스터 대수도원(Neumünster Abbey)이 자리잡고 있는데, 오랜 세월에 걸쳐 만들어진 구도심의 가로조명과 건물조명이 매우 아름답다.

Bock Promontory and Alzette valley, Northeast View between Saint Michael's Church and Neumünster Abbey, Luxembourg City, Luxembourg 1 3

1/2/3 Bock Promontory and Alzette valley, Luxembourg City, Luxembourg 2
4 Museum of the Bank(Musee de la Banque), Luxembourg City, Luxembourg 4
5/6/7 Neumünster Abbey, Luxembourg City, Luxembourg 3

4

5

6

7

1/3 Bock Promontory(viewpoint : Grund), Luxembourg City, Luxembourg 2 2
2 Grand Duchess Charlotte Bridge and Alzette valley, Luxembourg City, Luxembourg 5
4 Pétrusse valley, Luxembourg City, Luxembourg 8

3

업라이팅은 건축물 조명에서 가장 많이 사용되는 조명기법으로서, 광원의 색상에 따라 건물의 외관을 다양하게 바꿀 수 있다(사진 1, 2). 낮은 건물은 바닥이나 지주형 업라이팅으로 충분하지만 비교적 높은 건물은 발코니나 건물의 돌출부 등을 이용해서 건물 외벽에 적절히 광원이 보이지 않게 배치한다(사진 4).

1 Luxembourg City Hall(Hôtel de Ville), Place Guillaume II, Luxembourg City, Luxembourg 6
2 Museum of the Bank(Musee de la Banque), Luxembourg City, Luxembourg 4
3 Ons Hemecht, Rue du Curé, Luxembourg City, Luxembourg 7
4 Luxembourg Central Station(Gare du Luxembourg), Luxembourg City, Luxembourg 9

4

2-1-11

DÜSSELDORF, GERMANY

2-1-11_ 독일 뒤셀도르프

뒤셀도르프(Düsseldorf)는 주요 국제업무 및 금융중심지이자 패션과 무역박람회로 명성이 높은 도시로서, Nordrhein-Westfalen 주의 주도(州都)이다. 인구는 58만여명(2009년)으로 독일에서 10번째 규모이며, 최근 몇 년 동안에 많은 인터넷 서비스 사업자와 국내외 무선통신회사, 그리고 광고회사가 자리잡아 독일 최고의 전자통신 중심지이자 광고산업 중심지가 되고 있다.

이 도시는 2009년 Mercer의 세계 도시 삶의 질 조사(Mercer' s 2009 Quality of Living survey)에서 독일에서 가장 살기좋은 도시이자 세계에서 여섯 번째로 살기좋은 도시에 선정되었다. Media harbour(Medienhafen) 지역과 도심재개발이 한창 진행중이다.

라인(Rhine)강변의 미디어 하버(Medienhafen)지역에 세워진 240.5m의 라인타워(Rheinturm)는 방송타워로서, 꼭대기에 전망대가 있으며 기둥(shaft)에는 시계처럼 작동하는 빛의 조각이 있는데 이는 Horst H. Baumann이 디자인한 것으로 Lichtzeitpegel (light time level)이라 불린다.

1 Rhine Tower(Rheinturm), Medienhafen, Düsseldorf, Germany 4

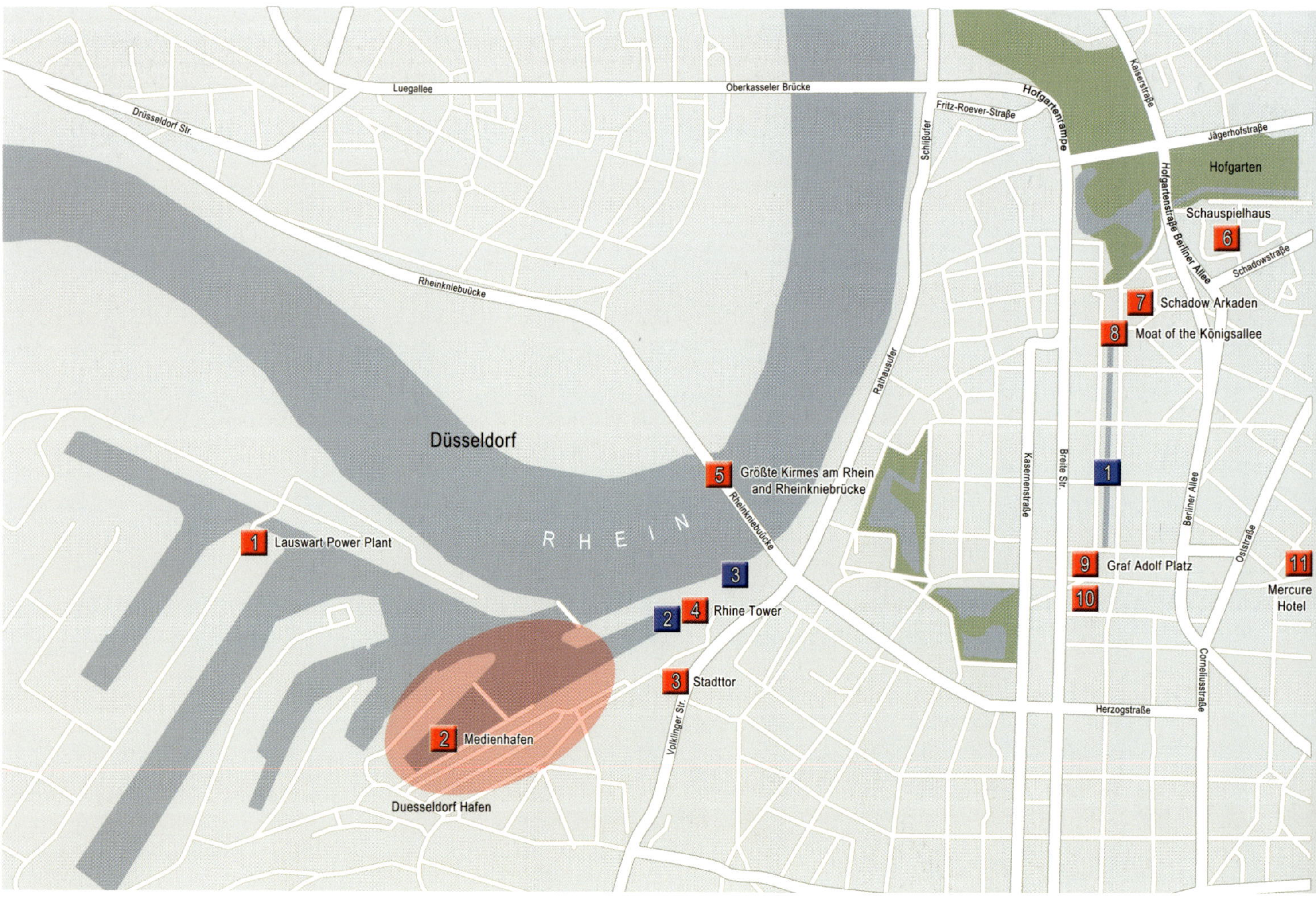

• 위 지도에 표시된 적색과 청색의 의미는 다음과 같으며, 본문 사진캡션의 마지막 부분에 색상번호로 표시하였음.
- 7 적색 사각 표시 : 사진의 위치 표시 - 7 청색 사각 표시 : Viewpoint 위치(사진을 촬영한 위치)

1

이 건물은 1,000여석의 **Großes Haus**와 300여석의 Kleines Haus 등 2개의 극장이 있다. 물결이 치는 듯 한 유기적인 형태의 백색 외관은 야간에 훌륭한 스크린으로 사용할 수 있으며, 높이 솟은 무대와 주변 객석부 외관에 백색과 적색의 조명을 업라이팅함으로써 야간도시경관의 랜드마크가 되고 있다.

Schauspielhaus(architect : Bernhard M. Pfau, 1970), Düsseldorf, Germany 6

Ferien!

Heute

1 Lauswart Power Plant(Kraftwerk), Medienhafen, Düsseldorf, Germany 1
2 Moat of the Königsallee, Düsseldorf, Germany 8 1
3 Medienhafen, Düsseldorf, Germany 2 2
4 Graf Adolf Platz, Düsseldorf, Germany 9

3

4

1

2

3

도시의 문(City gate)라는 뜻의 Stadttor(사진 1)는 72.55m, 20층 높이의 오피스빌딩으로서, 평행사변형의 평면을 가지고 있으며 내부에는 65m 높이의 중앙홀이 들어서 있다. 밤에는 내부의 중앙홀만 조명을 밝혀 도시의 관문으로서 상징성을 보여준다.

뒤셀도르프의 야간경관은 낮이 긴 하절기에는 일부 호텔이나 상업건축물을 제외하고는 경관조명을 하지 않아 화려하지도, 다양하지도 않다. 하지만 패션과 무역, 광고산업의 중심지임을 알 수 없을 정도로 소박한 야경 속에서 절제된 기품이 느껴지는 도시이다.

1 Stadttor(Architects : Petzinka, Overdiek and Partners, 1998), Düsseldorf, Medienhafen, Germany 3
2 Größte Kirmes am Rhein and Rheinkniebrücke, Rhine river, Düsseldorf, Germany 5 3
3 Düsseldorf, Germany 10
4 Mercure Hotel, Düsseldorf, Germany 11
5 Schadow Arkaden Düsseldorf, Düsseldorf, Germany 7

4

5

2-1-12

MALMÖ, SWEDEN

2-1-12_ 스웨덴 말뫼

말뫼(Malmö)는 스칸디나비아반도의 최남단에 있는 Scania지방(Skåne municipality)의 주도(州都)로서, 인구는 29만명(2009년) 정도이며 메트로폴리탄 지역까지 포함하면 63만명이 넘는, 스웨덴 제3의 도시이다.

이 도시는 일찍이 스칸디나비아 반도에서 매우 산업화된 도시였으나 후기 산업사회에 들어서면서 도시가 쇠퇴하였다. 하지만 스웨덴 말뫼와 덴마크 코펜하겐을 잇는 Öresund교 건설이후, 인상적인 새로운 건물의 건축과 바이오테크 및 IT회사, 스칸디나비아의 주요 대학중 하나를 유치하면서 서서히 부흥하기 시작하여 지금은 이 지역의 경제 및 산업허브가 되고 있다.

말뫼는 1970년대 초반까지 조선산업이 매우 융성하였으나 이후 스웨덴 산업부문에 불어닥친 심각한 경기후퇴로 조선소와 제조산업에서 크게 어려움을 겪으면서 가장 큰 사업장이었던 Kockums 조선소가 80년대 중반 문을 닫았다. 이에 대처하기 위하여 1990년대 말 무렵 말뫼는 주로 남서쪽 항구에 사용되지 않고 남아있던 임해지구의 1/4 정도를 매력적인 수변지구로 재개발하는 사업에 착수하였으며, 2001년에는 유럽주택박람회(European Housing Exhibition, Bo01)를 개최하였다.

임해지구에는 터닝 토르소(Turning Torso)를 비롯한 새로운 주거단지가 건립되어 매력적인 수변경관을 형성하고 있다. 외레순드 해협(Öresund strait)을 바라보고 서 있는 이 건축물은 해체주의 건축가인 Santiago Calatrava의 작품으로, 높이가 190m, 54층이며, 90도 비틀린 건축물로 유명하다.

1/2 Turning Torso(Architect : Santiago Calatrava, 2005), West Harbour(Västra hamnen), Malmö, Sweden 2 1 2

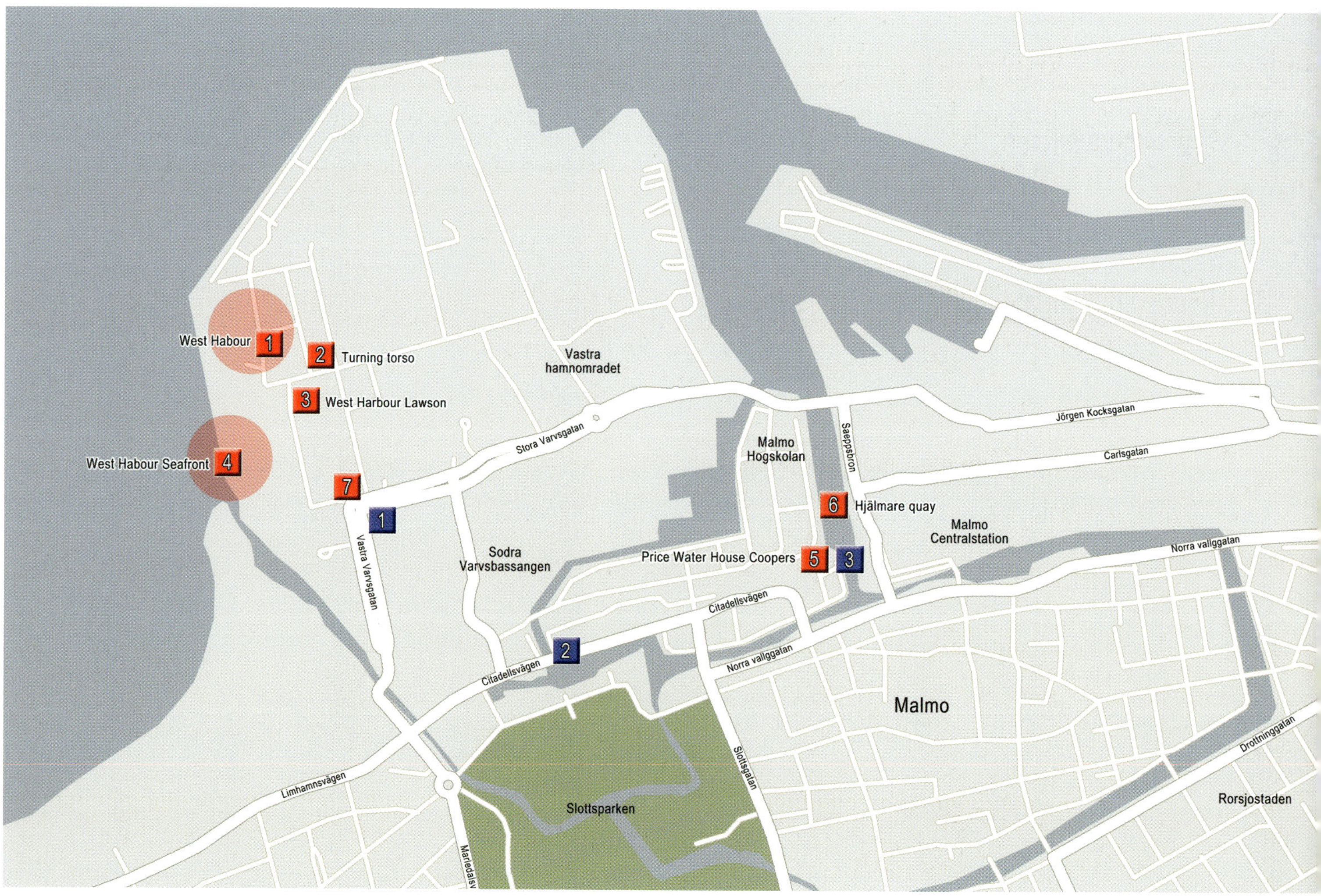

• 위 지도에 표시된 적색과 청색의 의미는 다음과 같으며, 본문 사진캡션의 마지막 부분에 색상번호로 표시하였음.
- 7 적색 사각 표시 : 사진의 위치 표시 - 7 청색 사각 표시 : Viewpoint 위치(사진을 촬영한 위치)

2

1

2

3

이 건물은 스페인 건축가인 Santiago Calatrava가 디자인한 것으로, Twisting Torso라 부르는 비틀린 사람 형상의 백색대리석 조각을 본 딴 것이다. 2002년, 터닝토르소에서 1km 떨어진 조선소의 거대한 Kockums 크레인이 철거된 이후, 말뫼를 상징하는 건축물이자 도시 스카이라인의 랜드마크를 만들려는 목적에서 서항(西港, Västra hamnen) 지역에 건립되었다.

1/2/3/4/5/6 Turning Torso(Architect : Santiago Calatrava, 2005), West Harbour(Västra hamnen), Malmö, Sweden 2

4

5

6

1

2

3

4

Bo01은 말뫼 교외의 서항(Västra hamnen, West Harbour, 즉 西港이라는 뜻)지구에 개발된 주거단지로서, 600채의 주택과 사무실, 상점들이 들어서 있다. 비교적 과밀하게 조성된 지역에 환경적응 및 사회적 지속가능성의 국제적인 성공 사례가 될 수 있도록 조성된 이 미래생태도시는 처음 보면 특별히 지속가능한 것처럼 보이는 것은 없지만 이 지역의 모든 전력을 공급하는 풍력발전이나 난방의 1/5을 공급하는 지붕위의 태양전지패널, 바이오가스 생산에 재활용되는 유기적인 재료 등은 대표적인 지속가능성의 모델이라 할 수 있다.

1/2/3/4/5/6 Bo01, West Harbour(Västra hamnen), Malmö, Sweden 1 3

5

6

Hjälmare quay(Hjälmarekajen), Malmö, Sweden 6 3

1 Bo01, West Harbour(Västra hamnen), Malmö, Sweden 1
2 Seafront, Bo01, West Harbour(Västra hamnen), Malmö, Sweden 4
3 Lawson, West Harbour(Västra hamnen), Malmö, Sweden 7
4 / 5 Price Water House Coopers, Neptune Street(Neptuniagatan), Malmö University(Malmö Högskola), Malmö, Sweden 5

4

5

2-1-13

COPENHAGEN, DENMARK

1

2-1-13_ 덴마크 코펜하겐

코펜하겐(Copenhagen)은 덴마크의 수도로서, 인구는 118여만명(2010년) 정도이며 메트로폴리탄 지역을 포함할 경우, 190만명 내외이다. 기록상으로 11세기에 처음 나타나는 코펜하겐은 15세기 초에 덴마크의 수도가 되었으며 2000년, 스웨덴 말뫼와 연결되는 외레순드 대교(Øresund Bridge)가 개통되면서 점차 외레순드 지역을 통합하는 중심지역이 되고 있다.

삶의 질에서 코펜하겐은 세계에서 가장 살기좋은 도시이자 가장 친환경적인 도시 중의 하나로서 내항(inner harbour)의 수질은 수영을 할 수 있을 만큼 깨끗하며, 36%의 시민들이 자전거를 이용한다. 2000년의 밀레니엄을 전후해서 도시 인프라뿐만 아니라 문화시설에 대한 대규모 투자가 이루어졌는데, 덴마크 왕립극장(Royal Danish Playhouse), 코펜하겐 오페라하우스(Copenhagen Opera House) 등이 대표적이다.

코펜하겐 오페라하우스는 2000년, 묄러재단(A.P. Møller and Chastine McKinney Møller Foundation)이 기부하여 건립된 것으로, 건축설계는 Henning Larsen이, 건축물 조명은 Speirs and Major가 디자인하였는데, 건물전면의 커다란 유리표면은 야간에 내부조명이 외부로 투과되어 마치 건축물 외부조명처럼 활용되고 있다(사진 2).

1 Nykredit Forsikring A/S(viewpoint : Langebro), Copenhagen(København), Denmark 7 2
2 Copenhagen Opera House(Architect : Henning Larsen, 2004), Copenhagen(København), Denmark 15 4
3 Nykredit Forsikring A/S and DanHostel(viewpoint : Islands Brygge), Kalvebod Brygge, Copenhagen(København), Denmark 7 1

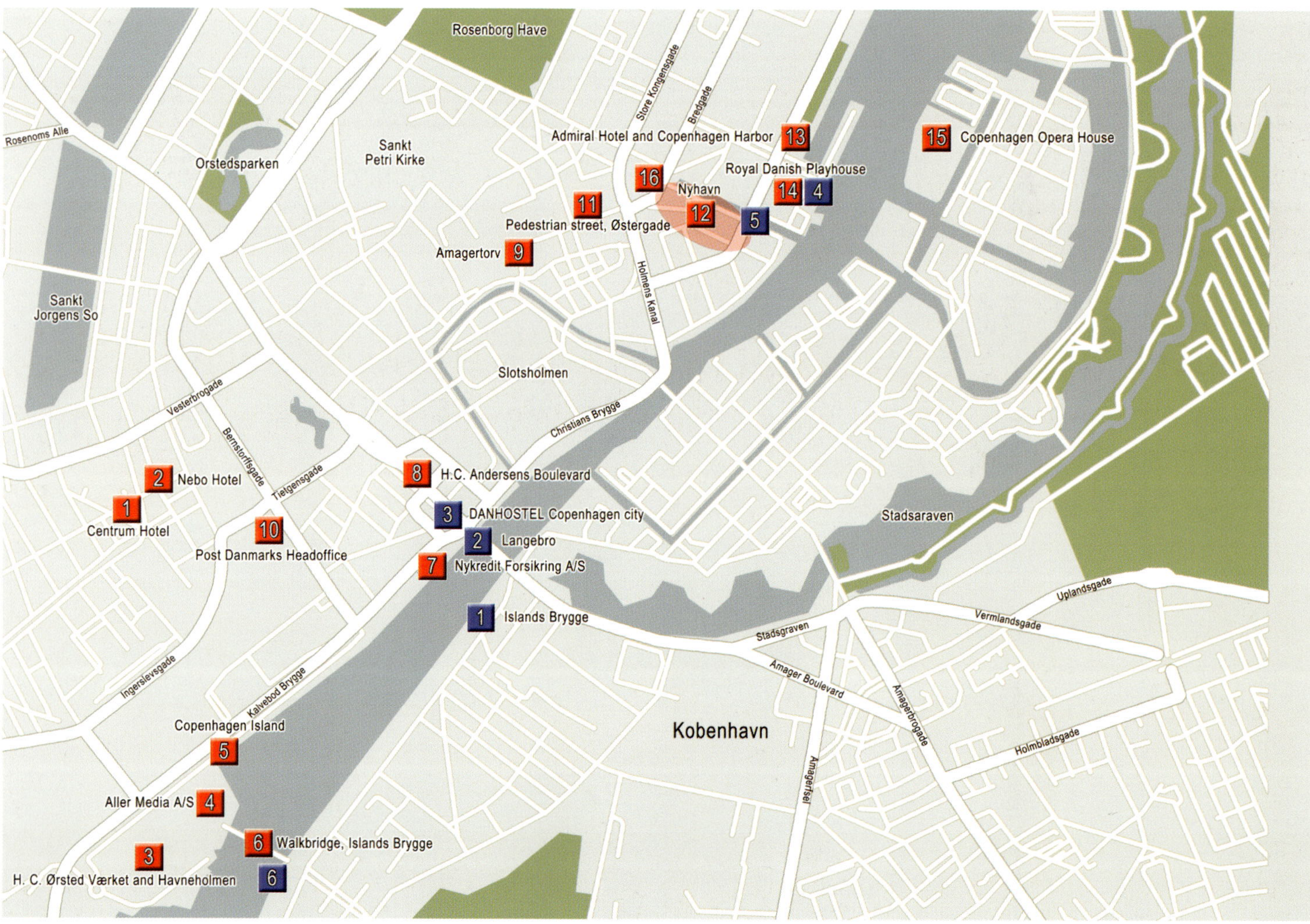

• 위 지도에 표시된 적색과 청색의 의미는 다음과 같으며, 본문 사진캡션의 마지막 부분에 색상번호로 표시하였음.
- 7 적색 사각 표시 : 사진의 위치 표시 - 7 청색 사각 표시 : Viewpoint 위치(사진을 촬영한 위치)

2

3

Royal Danish Playhouse(Skuespilhuset, Architects : Lundgaard & Tranberg, 2008), Copenhagen(København), Denmark 14

1

Islands Brygge(Iceland Quay) 지역은 코펜하겐 중앙에 있는 하버프론트 지역으로, 지금은 인기있는 주거지역이며 과거 이 지역의 산업 및 도크랜즈 구조물 일부가 보존되어 다른 용도로 사용되고 있다.

코펜하겐의 중심을 지나는 대수로의 워터프론트에 새로 건립된 덴마크 왕립극장(Skuespilhuset)은 수로(水路) 건너편의 북동방향으로 보면 코펜하겐 오페라하우스를(사진 2), 남동방향으로는 크리스티앙 항구(Christianshavn)의 건물들을 바라볼 수 있는 데크(사진 1)가 설치되어 야간의 수변경관을 감상할 수 있다.

코펜하겐 남측의 대수로 옆에 건설된 현대식 주거단지는 고전적인 외관을 가진 발전소 건물(Hans Christian Ørsted Power Station(H.C. Ørsteds Værket))과 대비되면서 대조적인 야간경관을 형성하고 있다(사진 3).

1 Royal Danish Playhouse(Skuespilhuset) Outdoor Deck and Christianshavn, Copenhagen(København), Denmark 14
2 Copenhagen Opera House(viewpoint : Royal Danish Playhouse), Copenhagen(København), Denmark 15 4
3 H. C. Ørsted Værket and Havneholmen, Copenhagen(København), Denmark 3 6
4 Admiral Hotel and Copenhagen Harbor, Copenhagen(København), Denmark 13 4

2

3

4

Nyhavn, Copenhagen(København), Denmark 12 5

1

2

3

1/3 Walkbridge, Islands Brygge, Copenhagen(København), Denmark 6
2 Walkbridge and Aller Media A/S, Copenhagen(København), Denmark 4 6
4 Copenhagen South Harbour Waterfront, Copenhagen(København), Denmark 3 4 5 6 1
5 H.C. Andersens Boulevard(viewpoint : DANHOSTEL Copenhagen city), Copenhagen(København), Denmark 8 3
6 Nyhavn, Kongens Nytorv, Copenhagen(København), Denmark 16 5

4

5

6

1

2

3

1/4 Pedestrian street(Stroeget), Østergade, Copenhagen(København), Denmark 11
2 Amagertorv, Copenhagen(København), Denmark 9
3 PostDanmarks Headoffice, Copenhagen(København), Denmark 10
5 Centrum Hotel, Copenhagen(København), Denmark 1
6 Nebo Hoel(Missions Hotel Let), Copenhagen(København), Denmark 2
7/8 Copenhagen Island(Copenhagen hotel), Kalvebod Brygge, Copenhagen(København), Denmark 5

4

CENTRUM
HOTEL
CENTRUM
HOTEL
5

MISSIONSHOTELLET
Nebo
6

penhagen island
7

8

PART_2

NIGHT LANDSCAPE_CITIES

ASIA

제2장_ **도시별 야간경관**

2-2 아시아편

일본 도쿄 · TOKYO, JAPAN
일본 오사카 · OSAKA, JAPAN
일본 나고야 · NAGOYA, JAPAN
일본 후쿠오카 · FUKUOKA, JAPAN
중국 상하이 · SHANGHAI, CHINA
말레이시아 쿠알라룸푸르 · KUALA LUMPUR, MALAYSIA
싱가포르 · SINGAPORE

2-2-1

TOKYO, JAPAN

2-2-1_ 일본 도쿄(日本 東京)

도쿄(東京)는 일본내 47개 지방정부 중의 하나로서, 공식명칭은 도쿄도(東京都, Tokyo Metropolis)이며 1943년에 도쿄시(City of Tokyo)와 도쿄부(Tokyo Prefecture)가 통합되어 형성된 도시이다. 도쿄도는 23개의 특별구로 구성되어 있는데, 특별구의 인구는 8백만명 이상이고 도쿄도의 총인구는 천3백만명이 훨씬 넘는다.

도쿄는 원래 에도(江戸)라 불리던 작은 어촌 마을이었는데, 1457년 Ota Dokan(太田道灌, 太田資長이라고도 함)이 에도성을 축조한 이후, 1590년에는 도쿠가와 이에야스(徳川家康)가 에도를 근거지로 삼아 1603년에 쇼군이 되면서 이 도시는 막부의 중심지로서 사실상의 수도가 되었다. 도쿄가 일본의 공식적인 수도가 된 것은 1868년에 막부시대가 끝나고 왕궁이 도쿄로 이전하면서부터이다.

도쿄에는 수많은 문화시설과 유명한 건축물들이 들어서 있다. 도쿄국립박물관(東京國立博物館, Tokyo National Museum), 국립서양미술관(國立西洋美術館, The National Museum of Western Art), 도쿄국립현대미술관(東京國立近代美術館, National Museum of Modern Art), 국립과학박물관(國立科學博物館, National Museum of Nature and Science) 등 네 개의 국립박물관과 재개발된 롯본기힐즈(六本木ヒルズ, Roppongi hills), 미드타운(Tokyo Midtown), 시오도메(汐留, Shiodome) 지역을 비롯하여 세계적으로 유명한 건축가들의 작품이 도시 곳곳에 위치해 있다.

도쿄는 규모가 매우 큰 국제도시(Global city)이기 때문에 도시의 야간경관을 한 마디로 특징짓기는 매우 어렵다. 다양하고 특색있는 지역이 많으나 대도시라는 특성상 매우 번잡하고 밝아 일본 고유의 도시야경보다는 대부분의 대도시와 같은 도시야간경관을 보여준다(사진 1, 2). 비록 유럽과 같은 도시야경을 기대하기는 어렵지만 일본의 수도로서 일본적인 야경을 보여주고 있는 지역도 적지 않다.

• 위 지도에 표시된 적색과 청색의 의미는 다음과 같으며, 본문 사진캡션의 마지막 부분에 색상번호로 표시하였음.
- 7 적색 사각 표시 : 사진의 위치 표시 - 7 청색 사각 표시 : Viewpoint 위치(사진을 촬영한 위치)

1 View of Shinjuku(新宿, viewpoint : New Otani Hotel), Tokyo(東京), Japan(日本) 1 1
2 View of Tokyo Tower and Roppongi(東京タワー, viewpoint : Roppongi Hills Mori Tower), Tokyo(東京), Japan(日本) 12 2

1

2

1

긴자(Ginza)는 1612년 에도시대에 설립된 은화제조시설(silver coin mint)의 이름을 따서 명명된 신바시(新橋)에서 교바시(京橋) 사이의 쇼핑가이다. 오늘날과 같은 현대식 거리는 1872년 화재로 소실된 이후 아일랜드 출신의 건축가 Thomas Waters가 설계한 2층과 3층높이의 조지아양식의 벽돌건물들로 재건축되면서 형성되기 시작하였다.

1 Sanai Building, Ginza 4 Chome(銀座４丁目), Tokyo(東京), Japan(日本) 15
2 Wako Department Store(和光ビル), Ginza 4 Chome(銀座４丁目), Tokyo(東京), Japan(日本) 15
3/4 Ginza Pedestrian precinct(歩行者天国), Chuou dori St.(銀座中央通り), Tokyo(東京), Japan(日本) 18

1

2

3

다이칸야마(代官山)는 최신유행의 부티크 숍들과 보도변 레스토랑 및 카페들이 다양하게 분포되어 있는 지역이다. 레스토랑과 주택 사이로 많은 중정(中庭)이 분포되어 있으며, 매우 절제된 고전양식의 저층의 건물들이 위치해 있다.

1 Love Girls Market, Daikanyama(代官山), Shibuya(渋谷区), Tokyo(東京), Japan(日本) 10
2 CA4LA, Daikanyama(代官山), Shibuya(渋谷区), Tokyo(東京), Japan(日本) 9
3/5 Daikanyama Address(代官山アドレス), Shibuya(渋谷区), Tokyo(東京), Japan(日本) 11
4 Daikanyama(代官山), Shibuya(渋谷区), Tokyo(東京), Japan(日本) 6

4

5

1

2

롯본기힐즈(六本木ヒルズ, Roppongi Hills)는 대규모 복합용도개발의 하나로 새로운 도심이 되고 있다. 이 초대형 복합용도 개발지역은 사무실, 아파트, 숍, 레스토랑, 카페, 영화관, 박물관, 호텔, TV스튜디오, 야외원형극장, 공원 등이 복합되어 있는데, 그 중 중앙에 위치한 54층의 모리타워가 가장 크다(사진 4). 모리타워 주변 옥외공간에는 Louise Bourgeois가 조각한 조형물 거미(maman)가 설치되어 있다(사진 2, 5).

1/3 TV Asahi(テレビ朝日), Roppongi Hills(六本木ヒルズ), Tokyo(東京), Japan(日本) 8
2/5 Maman(Sculptor : Louise Bourgeois, 2003) and Mori Tower(森タワー), Roppongi Hills, Tokyo(東京), Japan(日本) 7 8
4/6 Mori Tower(森タワー), Roppongi Hills, Tokyo(東京), Japan(日本) 7 8

3

4

5

6

1

2

3

4

5

1/2/3/4/5/6/7 Roppongi Hills, Tokyo(東京), Japan(日本) 8

6

7

이전에 철도터미널이었던 시오도메는 도쿄의 가장 현대적인 지역으로 변모하고 있는데, 이 지역은 11개의 작은 가구가 복합적으로 개발된 슈퍼블럭이다(사진 2, 3).

도쿄 아오야마 지역에 있는 프라다 빌딩은 뉴욕에 있는 건축가 Rem Koolhaas의 플래그쉽 스토어(flagship store)에 뒤이은 두 번째의 파격적인 패션스토어 건축으로서, 그 의도는 쇼핑의 개념과 기능 모두를 재구성하기 위한 것으로 밤에 보면 마치 소비의 올가미처럼 보인다(사진 5, 6).

1 Sony Center, Ginza(銀座), Tokyo(東京), Japan(日本) 14
2/3 Shiodome(汐留) City Center, Tokyo(東京), Japan(日本) 17
4 Dior Building, Omotesando(表参道), Tokyo(東京), Japan(日本) 4
5/6 Prada Boutique Aoyama(Archtect:Herzog & de Meuron, 2003), Omotesando(表参道), Tokyo(東京), Japan(日本) 5

4

5

6

2-2-2

OSAKA, JAPAN

2-2-2_ 일본 오사카(日本 大阪)

오사카(大阪)는 오사카부(大阪府)의 부청소재지로서, 오사카만의 요도가와(淀川)강 하류에 위치해 있는 도시이다. 오사카시 인구는 260만명(2007년) 정도로 인구규모로는 도쿄와 요코하마에 이어 일본 제3의 도시이지만 오사카권역 전체로 보면 거의 1,800만명 정도여서 두 번째로 큰 지역이며 오사카부 인구는 880만명(2009년) 정도이다.

역사적으로 일본의 상업중심지였던 오사카는 오늘날 역시 상공업 중심도시로서 중화학공업이 발달해 있으며 많은 도매상가와 쇼핑가가 밀집해 있다. 오사카는 국립국제미술관(國立國際美術館, National Museum of Art, Architect : Arata Isozaki), 오사카시립과학관(大阪市立科術館, Osaka Science Museum), 오사카시립동양도자미술관(大阪市立東洋陶磁美術館, Museum of Oriental Ceramics), 오사카시립미술관(大阪市立美術館, Osaka Municipal Museum of Art), 오사카해양박물관(なにわの海の時空館, Osaka Maritime Museum) 등 많은 문화시설이 있을 뿐 아니라, 난바지구의 일부로 도시중앙에 있는 도톤보리(道頓堀, Dotonbori), 쇼핑과 관광, 레스토랑 밀집지역인 난바(難波, Nanba or Namba), 명품과 백화점이 있는 신사이바시(心齋橋, Shinsaibashi), 오사카역 근처에 극장, 부티크, 백화점이 밀집한 우메다(梅田, Umeda) 등 개성있는 많은 쇼핑가가 산재해 있는 도시이다.

오사카시는 일본 대부분의 대도시와 마찬가지로 도시전체로 보면 뚜렷이 구별되는 야간경관을 가지고 있다고 보기는 어려우나 지역적으로 특징적인 야간경관을 보여주는데, 대표적인 곳이 도톤보리, 난바, 우메다(사진 1~4) 등의 도심상업지역이다.

우메다 스카이빌딩에서 바라보면 요도가와(淀川)강의 교량과 오사카역 주변의 우메다지역의 야간경관이 비교적 뚜렷하게 보이는데, 개별 빌딩의 경관조명은 이루어져 있으나 도시전체의 조화나 특징은 부족한 편이다(사진 1~4).

• 위 지도에 표시된 적색과 청색의 의미는 다음과 같으며, 본문 사진캡션의 마지막 부분에 색상번호로 표시하였음.
- 7 적색 사각 표시 : 사진의 위치 표시 - 7 청색 사각 표시 : Viewpoint 위치(사진을 촬영한 위치)

1 Bridges on the Yodogawa River(淀川, viewpoint : Umeda Sky Building), Osaka(大阪), Japan(日本) 1 1
2/3/4 View of Umeda(梅田, viewpoint : Umeda Sky Building), Osaka(大阪), Japan(日本) 3 4 11 1

1

난바파크(Namba parks, 2003)는 사무실 및 쇼핑복합건물로서, Parks Tower(Architect : Nikken Sekkei)라 불리는 고층 오피스건물과 옥상정원이 있는 120개의 임대쇼핑몰(Architect : Jon Jerde)로 구성되어 있다. 조명은 Joe Kaplan Architectural Lighting에서 디자인한 것으로, 옥상정원과 쇼핑몰의 조명이 적절하게 어우러져 있다.

1/2/3/4 Namba parks(難波, viewpoint : Swissotel) shopping mall, Osaka(大阪), Japan(日本)
10 2

건물의 커튼월(Curtain wall)과 발코니는 경관조명의 중요한 요소로서, 건물내부조명과 외부조명을 적절히 통합하게 되면 도시의 훌륭한 랜드마크가 될 수 있다.

Hilton Plaza & Hilton Plaza West, NishiUmeda(西梅田), Osaka(大阪), Japan(日本) 4

1 Breeze Tower, NishiUmeda(西梅田), Osaka(大阪), Japan(日本) 3
2 NBF Tower(アクア堂島西館), Nakanoshima(中之島), Osaka(大阪), Japan(日本) 6
3 Nakanoshima Dai Building(中之島ダイビル), Nakanoshima(中之島), Osaka(大阪), Japan(日本) 5

1

2

1

우메다지역에 위치해 있어 우메다 스카이빌딩이라 불리는 이 건물은 원래 공중도시(City of Air) 계획의 일환으로 추진되었던 것으로서, 40층 높이의 두 건물을 최상층에서 브리지와 에스컬레이터로 연결한 것이 매우 특징적이다(사진 1~3).

Namba Hips 빌딩은 기타같기도 하고 호리병같기도 한 독특한 외관을 지니고 있으며, 밤에는 이와 같은 건물형태를 이용하여 호리병 아랫부분은 노란색상의 경관조명을, 윗부분은 빨간색상의 경관조명을 대조적으로 투사하여 도시의 초점이 되고 있다(사진 4).

1/2/3 Umeda Sky Building(梅田スカイビル, Architect : Hiroshi Hara, 1993), Osaka(大阪), Japan(日本) 2
4 Namba Hips, Osaka(大阪), Japan(日本) 9

2

3

4

1

2

1 Shinsaibashi-Suji(心斎橋筋), Osaka(大阪), Japan(日本) 7
2/3/4 Dotonbori(道頓堀), Osaka(大阪), Japan(日本) 8
5 Dotonborigawa River(道頓堀川), Osaka(大阪), Japan(日本) 8

THERMOS
SALE
SALE
SALE
SALE
H&M

KIRIN

mens-yukai.jp
03 5292-3399
I MY
mens-yukai.jp
DEEP GROUP
0120-194-373
広告募集中
バイトルドットコム
8F
7F
6F
4·5F
はや
はや
3F
280
2F
1F
珈琲の青山
B1F

5

2-2-3

NAGOYA, JAPAN

2-2-3_ 일본 나고야(日本 名古屋)

아이치현(愛知縣)의 현청소재지인 나고야(名古屋)시는 역사적으로 교토(京都)와 도쿄(東京)의 중간에 위치해 있어 주쿄(中京)라 불렸으며, 현재는 자동차산업이 주요산업으로서, 도요타본사와 미쓰비시자동차 연구개발센터(R&D Division), 덴소(DENSO), JTEKT와 같은 많은 자동차부품업체들이 나고야시와 그 주변지역에 분포되어 있다.

나고야시는 225만여명(2010년)이 거주하고 있는, 인구규모면에서 일본 제4의 도시이나 경제규모면에서는 도쿄와 오사카에 이은 3대 도시에 속한다. 도쿄나 오사카에 비해 특징적인 건축물이나 도시경관자원은 비교적 적은 편이지만 최근에 JR 나고야역 주변으로 루슨트빌딩(Lucent Building), 모드학원 스파이럴타워(モード學園スパイラルタワーズ), 미드랜드 스퀘어(Midland Square) 등이 들어서면서 도시의 주야간 스카이라인이 크게 변모하고 있다.

히사야 오도리공원(久屋大通公園)은 나고야성 주변의 아이치현청(愛知縣廳)에서 와카미야 오도리공원(若宮大通公園)까지 도시 남북방향으로 연결되는 도심가로공원으로서, 이 공원 주변으로 많은 상업시설들이 밀집해 있으며, 가로공원 북측에 있는 나고야 TV타워는 야간경관조명을 통해 도시의 상징적인 랜드마크가 되고 있다.

1 Nagoya TV Tower & Central Park, Hisaya-odori Park(久屋大通公園), Nagoya(名古屋), Japan(日本) 7 1

• 위 지도에 표시된 적색과 청색의 의미는 다음과 같으며, 본문 사진캡션의 마지막 부분에 색상번호로 표시하였음.
- 7 적색 사각 표시 : 사진의 위치 표시 - 7 청색 사각 표시 : Viewpoint 위치(사진을 촬영한 위치)

1

Nagoya TV Tower & Oasis 21, Nagoya(名古屋), Japan(日本) 7 10

오아시스 21은 지하에 나고야 버스터미널이 있으며, 지상은 공원(사진 1, 3)으로 조성된 복합상업건축물이다. 오아시스 21에서 가장 독특한 것은 반투명의 지붕으로서 분수와 함께 얕은 물이 담겨 있다(사진 2). 이는 빗물을 재활용한 것으로 그 아래쪽으로 온도를 낮춰주는 기능을 한다.

나고야 TV타워 길 건너편에 있는 오아시스 21은 두 개의 보행자 브리지를 따라 뒤쪽으로 NHK빌딩과 아이치예술문화센터(愛知芸術文化センター, Aichi Arts Center, 사진 3)와 연결된다.

1/2/3 Oasis 21, Nagoya(名古屋), Japan(日本) 10
4 Louis Vuitton, Nagoya(名古屋), Japan(日本) 11
5 Mitsukoshi Department Store, Nagoya(名古屋), Japan(日本) 13
6 Coach Nagoya Sakae, Nagoya(名古屋), Japan(日本) 9
7 Midland Square, Nagoya(名古屋), Japan(日本) 2

LOUIS VUITTON
LOUIS VUITTON

4

5

ACTUS
COACH

6

Cartier
Dior
LOUIS VUITTON

1

2

3

야간경관은 조명의 조화가 매우 중요하다. 조연이 있기에 주연이 빛나는 것처럼, 야간의 경관조명 또한 스포트라이트를 받는(경관조명이 이루어지는) 건물과 그렇지 않은 건물이 있어야 도시전체의 야간경관이 아름다울 수 있는 것이다. 일본의 경관조명은 각 건물별로는 세심한 배려가 되어 있지만 가로 전체의 조화로움은 부족하다.

도심의 히사야 오도리공원(久屋大通公園)은 남북방향의 도심가로공원으로 이 공원 좌우측에 상업건축물들이 밀집해 있으며, 야간에는 매우 활동이 왕성한 지역이어서 다양한 경관조명을 볼 수 있다(사진 1, 3).

국철(國鐵)인 JR과 사철(私鐵)인 긴테츠(近鐵), 메이테츠(名鐵)역이 함께 있는 나고야역은 메리어트호텔과 다카시마야백화점, 사무실 등이 포함되어 있는 Nagoya Central Towers와 복합용도로 개발되어 있다(사진 2).

1 Hisaya-odori Park(久屋大通公園) & Sakae Nagoya(栄 名古屋), Nagoya(名古屋), Japan(日本) 8 14 2
2 Pass'e & Meitetsu, Kintetsu Nagoya Station, Nagoya(名古屋), Japan(日本) 4
3 Sunshine Sakae, Nagoya(名古屋), Japan(日本) 12
4 East side of Midland Square, Nagoya(名古屋), Japan(日本) 2

4

2

3

4

5

1 Diamond Way, Sakura-dori(櫻通), Nagoya(名古屋), Japan(日本) 5
2 Nagoya Central Towers, Nagoya(名古屋), Japan(日本) 3
3 758 Nishki, Nagoya(名古屋), Japan(日本) 6
4 X-mas Decoration, JR Nagoya Station, Nagoya(名古屋), Japan(日本) 3
5/6 Nagoya Lucent Tower, Nagoya(名古屋), Japan(日本) 1

6

2-2-4

FUKUOKA, JAPAN

2-2-4_ 일본 후쿠오카(日本 福岡)

후쿠오카(福岡)는 후쿠오카현의 현청으로서, 세계에서 가장 살기좋은 도시 순위(2010년) 투표에서 14위에 올랐다. 규슈(九州) 지방에서 가장 인구가 많은 도시로 143만명(2008년) 내외이며 주변지역까지 포함하면 250여만명 정도이다.

후쿠오카는 원래 도시 중심을 관통하는 나카강(那珂川)을 사이에 두고 동쪽은 항구이자 상업중심지였던 하카타(博多), 서쪽은 행정중심지였던 후쿠오카(福岡)로 나뉘어 있는, 서로 다른 도시였으나 1889년 두 도시가 하나의 도시로 통합하면서 시의 명칭에 대한 갈등이 발생하였는데 시의 이름은 후쿠오카로 하는 대신 중앙역은 하카타로 하여 오늘에 이르고 있다.

지리적으로 한국과 중국에 가까워 일본에서 제일 오래된 도시이기도 한 후쿠오카는 규슈국립박물관(九州國立博物館, 2005)을 비롯하여 마린 월드 우미노나카미치(海ノ中道), 후쿠오카 시립박물관 등의 문화시설과, 컨벤션센터인 아크로스 후쿠오카(Acros Fukuoka, Architect : Emilio Ambasz, 1995), 쇼핑시설인 커널시티 하카타(Canal City Hakata, Architect : Jon Jerde, 1996), 쇼핑과 박물관 복합건물인 하카타 리버레인(Hakata Riverain, 1999), 실험적인 미래형 주거단지인 넥서스월드(Nexus World) 등 많은 유명 건축물들이 있다.

커널시티는 '도시속의 도시'를 컨셉으로 좁은 수로가 내부를 따라 흐르며, 매시간 음악에 맞추어 진행되는 분수쇼를 볼 수 있다. 화려한 색상의 곡선건물은 수로 및 야간조명과 어우러져 활력있는 가로경관을 연출한다.

1 Canal City Hakata(Architect : Jon Jerde, 1996), Fukuoka(福岡), Japan(日本) 5

• 위 지도에 표시된 적색과 청색의 의미는 다음과 같으며, 본문 사진캡션의 마지막 부분에 색상번호로 표시하였음.
- 7 적색 사각 표시 : 사진의 위치 표시 - 7 청색 사각 표시 : Viewpoint 위치(사진을 촬영한 위치)

1

1

나카강(那珂川)변에 있는 커널시티 하카타는 대규모 쇼핑엔터테인먼트 시설로서, 많은 상점과 카페, 레스토랑, 극장, 두 개의 호텔이 복합되어 있는 건축물로, 남북방향으로 길다란 부지 가운데를 수로가 관통하며 이를 중심으로 6개의 건물군이 에워싸고 있다(사진 1, 4).

미국 건축가인 Michael Graves가 설계한 Hyatt Regency Fukuoka는 나카히에공원(Nakahie park)과 미카사강(御笠川) 사이에 위치해 있다. 고대 신전처럼 원통형태의 열주로 둘러싸인 호텔입구의 외관과 중앙홀에 투사된 조명은 이 건물이 포스트모더니즘 양식(post-modern architecture)임을 분명하게 보여준다.

1/4 Canal City Hakata(Architect : Jon Jerde, 1996), Fukuoka(福岡), Japan(日本) 5
2/3 Hyatt Regency Fukuoka(Architect : Michael Graves, 1993), Fukuoka(福岡), Japan(日本) 6

1

1 Fukuhaku-Deai bridge(福博であい橋), Fukuoka(福岡), Japan(日本) 3
2/3/5 Acros Fukuoka Building(Architects : Emilio Ambasz, 1995), Fukuoka(福岡), Japan(日本) 4
4 Banks of the Nakagawa(那珂川), Fukuoka(福岡), Japan(日本) 7 1

4

2

3

5

1

시사이드 모모치 해빈공원에 위치해 있는 234미터의 후쿠오카타워(福岡タワー)는 니켄 세케이(日建設計)가 설계한 것으로 1898년에 준공되었다. 삼각형 모양의 이 타워는 해안가에 위치한 타워중 일본에서 가장 높다. 진도 7의 지진과 초속 65M의 풍속에 견딜 수 있도록 설계되었으며, 세 개의 관람데크가 설치되어 있다. 야간에는 경관조명을 통하여 해변가의 랜드마크로서 뚜렷한 상징성을 보여준다(사진 1).

후쿠오카타워 바로 앞에 있는 마리존은 레스토랑과 예식장, 쇼핑상점들이 모여 있는 해변의 명소로서 유럽건축양식으로 되어 있어 특히 야간에는 경관조명을 통하여 유럽의 가로같은 풍경을 연출한다.

1 Fukuoka Tower(福岡タワー), Fukuoka(福岡), Japan(日本) 2
2/3 Marizon, Seaside Momochi(シーサイドももち海浜公園), Fukuoka(福岡), Japan(日本) 1

2

3

Oriental Pearl Tower(東方明珠塔, Architect : Shanghai Modern Architectural Design Co., 1994), Pudong(浦東), Shanghai(上海), China(中國) 1

2-2-5

SHANGHAI, CHINA

2-2-5_ 중국 상하이(中國 上海)

상하이(上海)시 인구는 1,920만명(2009년) 정도로, 중국에서 가장 인구가 많은 도시이자 세계에서 가장 인구가 많은 도시이다. 한때 직물과 어업의 도시였던 상하이는 1842년, 난징조약(Treaty of Nanjing)으로 외국에 개항되면서 동서양 무역중심지로서 1930년대에 이미 금융 및 비즈니스 다국적기업의 허브가 되었다.

11세기 송나라시대에 처음 이 명칭이 나타나는 상해(上海)라는 이름은 '위'를 의미하는 한자어 '上'과 '바다'를 의미하는 한자어 '海'가 합쳐져 '바다 위'라는 뜻을 내포하고 있다. 아편전쟁에 패한 후 상하이는 청나라의 관할권에서 벗어난 독립된 조계지로서 발전하기 시작하였으며 이 때문에 전쟁의 피해를 전혀 받지 않은 상태에서 아시아 유일의 국제도시로 번영하였다.

상하이는 와이탄(外灘, Waitan or Bund)이나 성황묘(城隍廟, City God Temple or Chenghuang Miao)와 같은 역사적 랜드마크로 잘 알려져 있을 뿐 아니라 동방명주(東方明珠, Oriental Pearl Tower)가 있는 푸동지역에는 진마오타워(金茂大厦, Jin Mao Building, Architect : SOM, 1998), 상하이 세계금융센터(上海環球金融中心, Shanghai World Financial Center, Architect : KPF, 2008)와 같은 국제적으로 유명한 건축가들의 초고층 현대식 건물들이 건립되었거나 새로이 건축되고 있어 매력적인 스카이라인을 가진 도시이기도 하다.

상하이 야간경관의 랜드마크이자 도시 상징물이 되고 있는 높이 468미터의 동방명주는 방송타워로서 높이 263미터와 350미터 지점에 전망대가 있다. 이 타워에는 크고 작은 11개의 구가 있는데, 아래쪽에는 직경이 50미터, 위쪽에는 직경 45미터의 커다란 두 개의 구(球)가 직경이 각각 9m인 세 개의 기둥으로 연결되고 있으며 밤에 보면 이름 그대로 동방의 밝은 진주처럼 보인다.

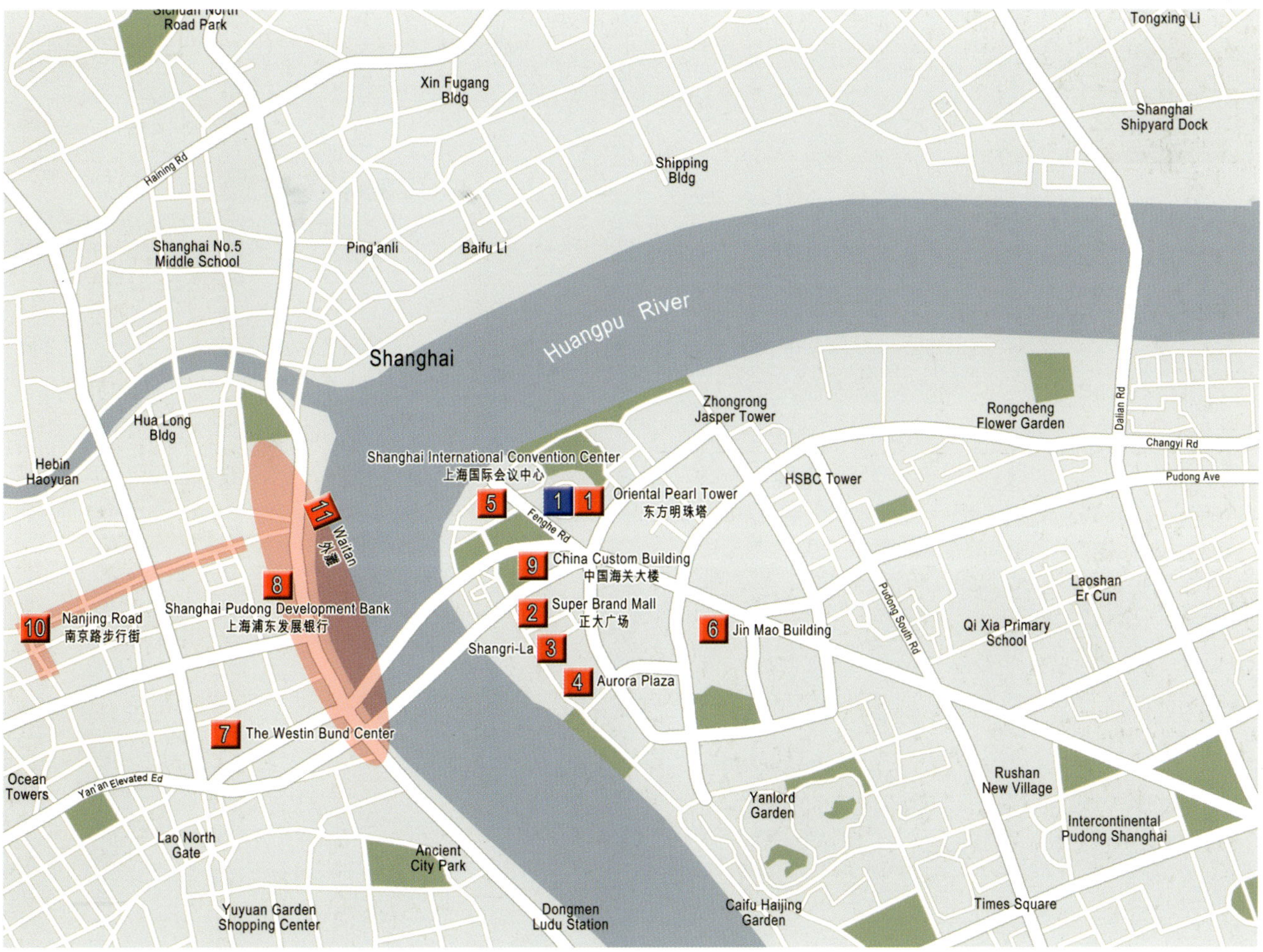

• 위 지도에 표시된 적색과 청색의 의미는 다음과 같으며, 본문 사진캡션의 마지막 부분에 색상번호로 표시하였음.
- 7 적색 사각 표시 : 사진의 위치 표시 - 7 청색 사각 표시 : Viewpoint 위치(사진을 촬영한 위치)

1

2

1 Oriental Pearl Tower(left), Super Brand Mal(正大广場) & Pudong Shangri-La(center), Aurora Plaza(right), Pudong(浦東), Shanghai(上海), China(中國) 1 2 3 4
2 Oriental Pearl Tower(left), Jin Mao Building(center) & Shanghai International Convention Center(上海国际会议中心)(right), Pudong(浦東), Shanghai(上海), China(中國) 1 5 6
3/4 Oriental Pearl Tower, Pudong(浦東), Shanghai(上海), China(中國) 1
5 Laser show, Oriental Pearl Tower(center), Pudong(浦東), Shanghai(上海), China(中國)

5

3

4

왕관모양의 건물 옥상을 하이라이팅으로 강조한 웨스틴호텔과, 과거 홍콩상하이은행 빌딩(HSBC Building)이었던 상하이 푸동발전은행은 현대적인 양식의 고층건물과 고전주의 스타일의 건축양식이 절묘한 조화를 이루면서 아름다운 야경을 연출하고 있다.

The Westin Bund Center & Shanghai Pudong Development Bank(上海浦东发展银行), Waitan(外灘, Bund), Shanghai(上海), China(中國)

大力弘扬以爱国主义为核心的民族

1

2

황푸(黃浦)강 서쪽의 와이탄(外灘)지역은 19세기 중엽부터 조성되기 시작한 상하이 조계지의 역사를 간직하고 있는 곳으로, 1.7km에 걸쳐 당시의 유럽식 건축물들이 남아있는데, 야간에는 경관조명을 하여 과거의 역사뿐 아니라 현재의 발전을 보여주는 관광자원이 되고 있다.

1/3 Waitan(外灘, Bund)(viewpoint : Oriental Pearl Tower), Shanghai(上海), China(中國) 11 1
2/4 Waitan(外灘, Bund), Shanghai(上海), China(中國) 11

1

2

3

4

1/2 Waitan(外灘, Bund), Shanghai(上海), China(中國) 11
3/4 China Custom Building(中国海关大楼), Pudong(浦東), Shanghai(上海), China(中國) 9
5 Nanjing Road(南京路步行街), Shanghai(上海), China(中國) 10

5

2-2-6

KUALA LUMPUR, MALAYSIA

2-2-6_ 말레이시아 쿠알라룸푸르

진창하구(muddy estuary)', '진흙투성이의 도시(muddy city)' 라는 뜻을 가지고 있는 쿠알라룸푸르(Kuala Lumpur)는 말레이시아의 수도로서 인구는 180만명(2009년)이 넘으며 메트로폴리탄 지역까지 포함하면 720만명 정도이다. 행정수도는 푸트라자야(Putrajaya)로 이전하였으며, 왕궁과 의회는 쿠알라룸푸르에 남아 있다.

도시의 기원은 1850년대로 거슬러 올라가는데, 클랑(Klang)지역의 말레이인 족장이었던 라자 압둘라(Raja Abdullah)가 주석채굴꾼들에게 주석광산을 개방하기 시작하면서부터 형성되기 시작하였다. Gombak강(Sungai Gombak)과 Klang강(Sungai Klang)의 합류지점에 세워진 이 도시는 1880년, 클랑지역에서 전략적으로 유리한 쿠알라룸푸르로 옮겨와 셀랑고르(Selangor)주의 주도(州都)가 되었으며, 1957년 말레이연방이 독립한 후에는 말레이시아의 수도가 되었다.

쿠알라룸푸르는 말레이시아에서 가장 산업화되고 경제적으로 가장 빠른 성장을 보이는 지역이다. 연방정부가 푸트라자야로 이전하였음에도 불구하고 말레이시아 중앙은행과 같은 정부의 몇몇 주요기관들과 대사관은 여전히 남아 경제 및 비즈니스 중심지가 되고 있다. KLCC(Kuala Lumpur City Center)와 Bukit Bintang 지역은 이 도시의 쇼핑중심지로서, 많은 현대식 건물들이 있는데 그 중에서도 KLCC에 있는 페트로나스 타워(Petronas Twin Towers, Architect : Cesar Pelli, 1998)와 쿠알라룸푸르 컨벤션센터(Kuala Lumpur Convention Centre)가 가장 눈에 띄는 현대식 건물이다.

Cesar Pelli와 Djay Cerico가 설계한 88층 높이의 쌍둥이 건물인 페트로나스 타워는 1998년 완공되었는데, 준공당시 세계에서 가장 높은 건물이었다. 지면 아래의 기반암이 매우 깊숙이 있었기 때문에 이 건물의 기초는 세계에서 가장 깊다. 스틸 및 유리 파사드의 외관은 이슬람 예술의 모티브에서 도출한 것이며, 단면 또한 이슬람의 상징문양인 Rub el Hizb(ربع الحزب)를 본뜬 것이다.

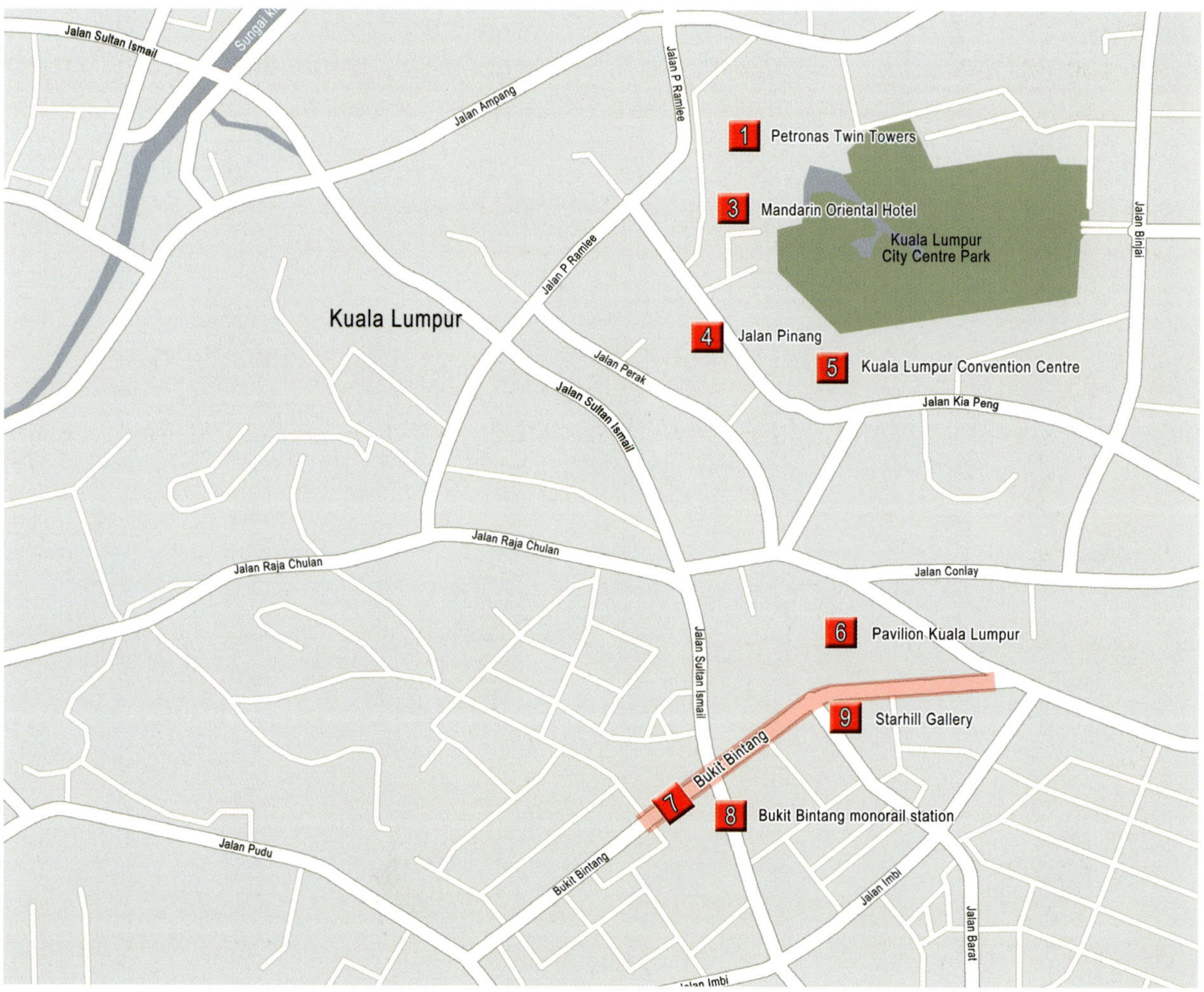

• 위 지도에 표시된 적색과 청색의 의미는 다음과 같으며, 본문 사진캡션의 마지막 부분에 색상번호로 표시하였음.
- 7 적색 사각 표시 : 사진의 위치 표시 - 7 청색 사각 표시 : Viewpoint 위치(사진을 촬영한 위치)

1 Petronas Twin Towers(Architect : Cesar Pelli, 1998), KLCC(Kuala Lumpur City Center), Kuala Lumpur, Malaysia 1

Suria KLCC는 Petronas Twin Towers의 저층부에 위치한 고급쇼핑센터로서 대부분 외국의 명품들을 판매하고 있으며, 음악당과 수중 아쿠아리움, 미술관 등이 복합되어 있다. 외관은 금속처럼 보이나 고강도 콘크리트(RC)위에 스테인레스스틸과 유리를 씌운 것으로, 야간에 아래에서 업라이팅을 하게 되면 반사되어 마치 타워 전체에 조명을 한 것처럼 환상적인 분위기를 연출한다.

Petronas Twin Towers & Maxis Tower, KLCC, Kuala Lumpur, Malaysia 1

SURIA KLCC

페트로나스 타워의 41층과 42층에서 2층 높이로 연결되는 공중육교(Skybridge)는 두 건물의 주요 구조부에 연결된 것이 아니라 강풍으로부터 균열을 방지하기 위해 타워의 내외부를 미끄러질 수 있도록 설계하였다. 지상에서의 높이는 170m이며, 길이는 58m이다. 이 공중육교는 우리나라 극동건설이 시공한 것이다(사진 1).

1 Skybridge, Petronas Twin Towers, KLCC, Kuala Lumpur, Malaysia 1
2/3 Details, Petronas Twin Towers, KLCC, Kuala Lumpur, Malaysia 1
4 Menara Public Bank, KLCC, Kuala Lumpur, Malaysia 2
5 Mandarin Oriental Hotel, KLCC, Kuala Lumpur, Malaysia 3
6 Jalan Pinang, KLCC, Kuala Lumpur, Malaysia 4

4

5

6

1

2

3

4

5

6

Bukit Bintang과 KLCC는 서로 인접해 있는 지역으로, 쿠알라룸푸르의 가장 번화한 거리에 속한다. Bukit Bintang이 뉴욕 5번가와 같은 쇼핑가라면 KLCC는 컨벤션센터와 공원, 오피스 중심의 업무중심지역이다. 이 때문에 야간경관은 상업가로의 번잡스러움과 공공건축물의 절제가 적절히 잘 드러나고 있다.

1/2/3/4 Kuala Lumpur Convention Centre, KLCC, Kuala Lumpur, Malaysia 5
5/6/7 Pavilion Kuala Lumpur(shopping mall), Bukit Bintang, Kuala Lumpur, Malaysia 6

7

1

Starhill이라고도 불리는 Bukit Bintang 지역은 쿠알라룸푸르 쇼핑 및 엔터테인먼트지구로서, 많은 쇼핑센터, 카페, 클럽, 상점 및 몰들이 밀집해 있는 지역이다. Bintang Walk는 Jalan Bukit Bintang 쇼핑가를 따라 위치해 있는 가로로서, Berjaya Times Square, Bukit Bintang Plaza, Imbi Plaza, Fahrenheit 88 Low Yat Plaza, Starhill Gallery, Sungei Wang Plaza, Lot 10, Pavilion KL 등의 쇼핑몰들이 대표적이다.

1/2/3/4/5 Bukit Bintang, Kuala Lumpur, Malaysia 7

2

3

4

5

1

2

3

4

5

1 Bukit Bintang monorail station, Kuala Lumpur, Malaysia 8
2/3 Pavilion Kuala Lumpur(shopping mall), Bukit Bintang, Kuala Lumpur, Malaysia 6
4/5 Starhill Gallery, Bukit Bintang, Kuala Lumpur, Malaysia 9

• 위 지도에 표시된 적색과 청색의 의미는 다음과 같으며, 본문 사진캡션의 마지막 부분에 색상번호로 표시하였음.
- 7 적색 사각 표시 : 사진의 위치 표시 - 7 청색 사각 표시 : Viewpoint 위치(사진을 촬영한 위치)

2-2-7

SINGAPORE

2-2-7_ 싱가포르(新加坡)

싱가포르(Singapore)는 말레이반도의 남쪽 끝에 있는 도시국가로서 '사자의 도시' 라는 의미를 가진 싱가푸라(Singa Pura)에서 유래하였다. 북쪽으로는 조호르해협(Straits of Johor)을 사이에 두고 말레이시아와 분리되어 있으며, 남쪽으로는 싱가포르해협(Singapore Strait)을 사이에 두고 인도네시아와 마주보고 있다.

싱가포르는 오랜 이민의 역사를 가진 나라로서, 거의 5백만명(2010년)에 달하는 인구는 중국인, 말레이인, 인도인, 기타 아시아인과 백인들로 구성되어 있다. 인구의 42% 정도가 노동이나 공부를 하러 온 외국인이며, 국제무역금융중심지로서 싱가포르항은 세계 5대항에 속한다.

싱가포르에 사람이 살기 시작한 최초의 기록은 2세기 무렵으로 추정되며 16세기부터 19세기 사이에는 조호르 술탄국(Johor Sultanate)의 일부였다가 1819년, 영국 동인도회사의 Thomas Stamford Raffles가 당시 이 지역의 술탄인 후세인 샤(Sultan Hussein Shah)와 조약을 맺고 국제무역항으로 개발한 이후부터 크게 발전하기 시작하였다. 1962년에 말레이시아에 합병되었다가 싱가포르는 공식적으로 1965년에 독립하였다.

싱가포르는 오차드 로드(Orchard Road)를 중심으로 하는 쇼핑가와 해안가인 마리나 베이(Marina Bay) 지역의 다양한 문화시설과 수변공간 조성, 센토사(Sentosa)섬을 중심으로 한 엔터테인먼트 확충 등 다양한 관광자원을 조성하고 있다. 방콕이나 홍콩 등 라이벌 도시과 경쟁하기 위해 싱가포르 정부는 도심과 상업건물들에 야간경관조명을 함으로써 보다 재미있고 역동적인 지역으로 만들겠다고 공표하였다.

1 Merlion, Marina Bay, Singapore(新加坡) 6 1
2 Esplanade, Marina Bay, Singapore(新加坡) 1 2 1

2

1

1

2

3

인어라는 의미의 mermaid와 사자라는 의미의 lion이 합쳐 만들어진 Merlion은 싱가포르의 상징물로서 머리는 사자이고 꼬리는 물고기 형상을 띠고 있다. 마리나 베이에 있는 머라이언상은 야간에 업라이팅을 통하여 워터프론트의 초점이 된다(사진 1).

Fullerton Hotel은 그 지역의 초대 총독이었던 Robert Fullerton의 이름을 따서 명명되었는데, 지금은 싱가포르강 하구에 위치한 5성급 부티크호텔이며, 고풍스런 호텔의 외관에 경관조명을 함으로써 이 지역의 랜드마크가 되고 있다(사진 2).

1 Merlion, Marina Bay, Singapore(新加坡) 6
2 Fullerton Hotel, Marina Bay, Singapore(新加坡) 4 3
3 Maybank Tower(left), Singapore river promenade, Singapore(新加坡) 5

Marina Bay Skyline(viewpoint : Esplanade), Singapore(新加坡)

Maybank
OCBC Bank

1/3 Esplanade Bridge, Marina Bay, Singapore(新加坡) 3 3
2 Amphitheater, Esplanade Promenade, Marina Bay, Singapore(新加坡) 1

1

2

3

1

2

3

4

1/2 Downtown, Singapore(新加坡)
3/5 Orchard Road, Singapore(新加坡) 9
4 Suntec Convention Center, Singapore(新加坡) 7

5

AUTHOR'S EPILOGUE

[저자후기]

앞서 출판된 제1권 도시의 색채와 마찬가지로 제2권인 도시야간경관 또한 여러 번의 시행착오를 거쳐 제작되었다. 특히 제2권인 도시야간경관은 제1권보다 늘어난 분량과 내용상 훨씬 많은 사진의 위치확인과 설명에 아주 많은 시간이 소요되었다.

원래 제1권과 제2권은 한 권으로 묶어 출판하려고 2009년 초부터 사진분류 및 작업을 시작하여 2009년 12월, 본격적인 저술에 들어갔으나 내용이 방대하고 책을 저술하는 과정에서 여러 사람들과 의논한 결과, 분리하는 것이 바람직하다는 판단을 내리고 2010년 3월경부터 별도의 책으로 작업이 진행되었다. 이 때문에 도시의 색채와 마찬가지로 똑같은 시행착오를 겪었던 것이다.

2010년 5월경에 첫 편집본이 완성되었으나 내용이 마음에 들지 않아 7월경의 유럽답사와 8월경의 일본답사를 다녀 온 내용을 반영하는 과정에서, 전체를 처음부터 다시 수정 편집보완하면서 작업이 예상보다 훨씬 느리게 진행되었다. 글보다는 사진위주여서 책의 출간이 비교적 쉬울 것으로 생각하였지만 오히려 주제에 맞는 사진 선정에 많은 애를 먹었고, 많은 사진들 중에서 각 페이지에 삽입할 사진들을 선별하는데도 적지 않은 시간과 노력이 필요하였다. 또한 사진위치 확인과 사진설명을 위한 자료확인에 적지 않은 시간이 소요되었는데, 이는 독자들에게 보다 많은 정보를 정확하게 알리는 것이 중요하다고 생각하였기 때문이다.

원래 이 책은 2007년부터 출간하려고 생각하였으나 바쁘다는 핑계로 손을 대지 못하다가 2009년 12월에 와서야 본격적으로 책의 저술과 편집을 시작하였다. 2009년 후반기와 2010년 전반기는 가까이 있는 사람의 음해와 투서로 필자 개인적으로 커다란 고난이 있었던 시기로서, 인간의 본성에 대한 회한으로 많은 시련과 고통을 겪는 과정에서 그간 생각은 있었지만 행동에 옮기지 못했던 책의 제작을 한 번 해보자 마음먹게 되었던 것이다.

그 중에서도 야간경관 관련 저서를 집필하게 된 동기는 경관과 관련된 여러 프로젝트들을 수행하면서, 특히 야간경관에 대한 서적이 국내외를 막론하고 거의 없는데다가 소수의 관련서적조차 대부분 사진과 설명이 부족하여 필요한 정보를 구하기 어렵고, 또한 사진보다는 글이 대부분이어서 내용을 정확히 파악할 수 없었기 때문이었다. 이 책을 통하여 우리의 도시들도 낮뿐 아니라 밤에도 유럽이나 일본 등 선진국들의 작은 도시들처럼 낭만적이고 운치있는, 품격높은 도시를 우리 세대내에 만들어 보는 것이 필자의 꿈이다.

책 제작과정에서 밤늦은 시간까지 편집에 참여한 도시건축설계연구실의 김대성, 김가람, 도영, 이상욱, 이은철 대학원 학생들에게 감사의 마음을 전한다.

그리고 일일이 이름을 밝힐 순 없지만 책 출간에 도움을 준 도시건축설계연구실의 재학생 및 졸업생들에게 진심으로 감사의 마음을 전하고 싶습니다. 그리고 밤늦은 시간까지 저자와 전화하면서 열정적으로 북디자인을 해 주신 이순학 실장님께 감사드립니다.

2010년 11월

공대 54호관 401호실에서

VOLUME TWO

URBAN NIGHT LANDSCAPE

I/N/D/E/X

H

I

J

K

O

P

Q

R

S

T

세계의 도시경관과 건축문화

URBAN LANDSCAPE
AND ARCHITECTURAL CULTURE
IN THE WORLD

제1권
도시의 색채
Urban Coloring

제2권
도시야간경관
Urban Night Landscape

제3권
도시가로 및 수변경관
Urban Street & Waterfront Landscape

제4권
녹색교통과 친환경건축
Green Transport & Environmental Friendly Architecture

제5권
공원녹지와 공공디자인
Park, Green & Public Design

제6권
신도시와 공동주택
Newtown & Housing Development

서 유 석(徐攸錫, Seo You Seok)

서유석교수는 우리나라의 도시환경에 깊은 관심을 가지고 있으며, 많은 도시경관 관련 프로젝트를 수행하였다. 살기좋은 도시란 걷고싶은 도시이며, 이를 위해서는 걷는 것이 차를 타는 것보다 더 편안하고 쾌적해야 한다는 신념으로 많은 기고와 활동을 하고 있다.

E-mail : ysseo@changwon.ac.kr

약력(Academic Career)

창원대학교 건축학부 교수(Professor, Changwon National University)
서울대학교 공과대학 건축학과 졸업(Bachelor's degree, Dept. of Architecture, Seoul National University)
서울대학교 대학원 건축학과 공학석사(Master's degree, Dept. of Architecture, Seoul National University)
서울대학교 대학원 건축학과 공학박사(Ph.D., Dept. of Architecture, Seoul National University)

관련 연구수행 프로젝트(Research Projects)

창원시 도시경관 디자인가이드라인(1997)
부산다운 건축 마스터플랜(2002)
김해시 도시경관 기본계획(2003)
양산신도시 아파트 색채계획(2004)
거제시 야간경관 기본계획(2004)
창원시 도시경관 기본계획(2005)
창원시 공원녹지 기본구상(2006)
통영시 도시경관계획(2006)
경상남도 도시공공디자인 연구(2009) 외 다수

세계의 도시경관과 건축문화 _ 제2권
도시야간경관

초판인쇄 : 2010년 11월

발행처 : 시공문화사 (**Spacetime**)
서울시 서대문구 현저동 200번지 극동빌딩 5층
Tel 02)3147-1212 Fax 02)3147-2626
www.spacetime.co.kr / spacetime@korea.com

인쇄 : (주) 예림인쇄
제본 : (주) 다인바인텍

저　　자 : 서유석
편　　집 : 서유석
북디자인 : 이순학

이메일 : ysseo@changwon.ac.kr
전화 : 055-213-3781

도서정가 89,000원

URBAN LANDSCAPE AND ARCHITECTURAL CULTURE IN THE WORLD _ VOLUME TWO
URBAN NIGHT LANDSCAPE

Published in 2010 by Spacetime

Author : Seo, You Seok
Editor : Seo, You Seok
Book Design : Yi, Soon Hark

ISBN 978-89-5592-176-4 93540

E-mail : ysseo@changwon.ac.kr
Tel. : 82-55-213-3781

Printed in Korea

Book Price : 89,000 KRW, USD 78.00